第一次
打造花园
就成功

花园盆栽的100个技巧

[日] 古贺有子 监修
徐盼盼 译

中国轻工业出版社

卷首语

从一个小小的盆栽到正式的花坛，
园艺的乐趣来自每一个步骤。
在本书中你可以学到
即便是园艺初学者也能轻松掌握的
园艺技巧和莳弄花草的方法。
书中配有插图，
解释简单易懂。
衷心期待此书成为你
与花草结缘的第一步。

目 录

园艺植物品种的基本知识

园艺必备工具和材料

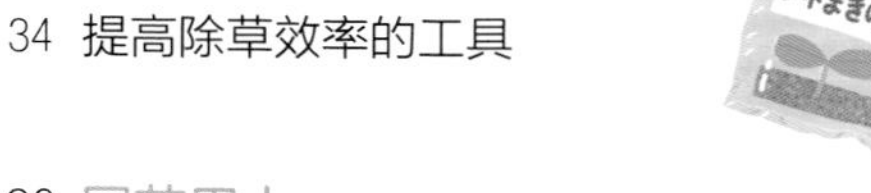

Part 3 改良园艺土壤

Part 4 播种和种植

Part 5 开出更好的花朵

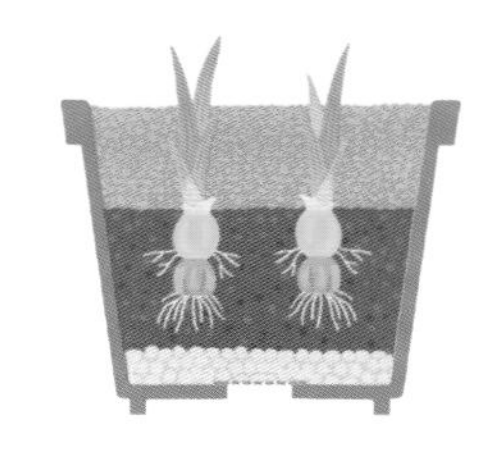

Part 6 面向初学者的园艺课堂

附录

摄影 ARSPHOTO 策划
插画 竹口睦郁

花团锦簇的春日庭院

郁金香唱主角的春日花坛

郁金香可谓是春花的代表。秋天将郁金香的球根种在地里，到了春天就可以欣赏到美丽的花朵。高挑的郁金香搭配低矮的三色堇等一年生草本植物，会让花坛看上去更加立体丰满，而且在郁金香花期结束之后的很长时间内也还能欣赏到花草的景色。

郁金香集中种植或者分散种植皆宜。将开花期相同的花种集中在一起种植，可以欣赏到豪华热闹的繁花盛宴。将早开系和晚开系的花种搭配种植，又能弥补花期较短的缺点。

架高花坛

架高花坛排水好，最适宜种植球根类植物。粉色的郁金香安排在最里面，打造出高度，再在手边的位置种上橘色和紫色相间的堇菜，搭配白色的香荠，富有立体感的同时还能体现出丰富的变化。

庭院中央的花坛

盛开的郁金香和虞美人下面配上白色的滨菊，边缘处用紫色的堇菜雅致地分割出界限，演绎出郁金香的华美绚丽。

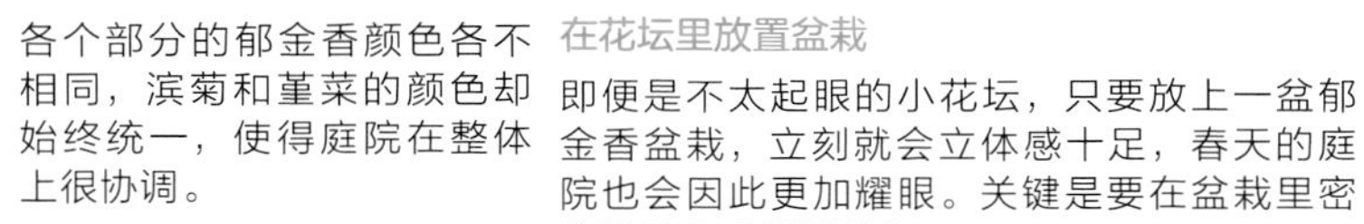

各个部分的郁金香颜色各不相同，滨菊和堇菜的颜色却始终统一，使得庭院在整体上很协调。

在花坛里放置盆栽

即便是不太起眼的小花坛，只要放上一盆郁金香盆栽，立刻就会立体感十足，春天的庭院也会因此更加耀眼。关键是要在盆栽里密密地种上球根类植物。

紫绒鼠尾草唱主角的花坛

紫绒鼠尾草，别名墨西哥鼠尾草，秋天开花。紫绒鼠尾草呈大株灌木状，紫宝石色的花穗尽情舒展，显得分量感十足，是当之无愧的秋日花坛的主角。

雅致的蓝色秋日庭院

鼠尾草唱主角的秋日花坛

提到鼠尾草，人们一般都会想到华丽的红色鼠尾草，但是，近年来出现了很多新的品种，还出现了红色、蓝色、紫色、黄色、白色、橘色、粉色，甚至这些颜色的组合等花色，甚是丰富有趣。另外，从春天到初夏、从夏天到秋天都有能开花的鼠尾草，还有在秋天开花的品种，因此，鼠尾草是四季里除了冬天都能用来装饰花坛的难得植物，栽培起来也是十分容易。

如果想要营造出秋天的季节感，那就去购买已经开花的鼠尾草，满满地种进花坛里，便能拥有一个热闹非凡的秋日花坛了。

三种秋开的鼠尾草一齐盛放，花坛热闹非凡

凤梨鼠尾草被称作红色贵妇，黄花鼠尾草别名黄色王爵，紫绒鼠尾草的花朵上有纤细的绒毛覆盖、触感如同柔软的天鹅绒。将开花期和茎高都大致相同的这三种鼠尾草种在同一处，花坛会由此变得热闹华丽。

与大波斯菊混种的鼠尾草

鼠尾草的穗状和矛状的花姿搭配花朵呈圆形的万寿菊和大波斯菊，两相映衬，演绎出别样风情的秋日花坛。

盛开在秋日的宿根鼠尾草

除了紫花种、黄花种，红花种之外，还有一些想用来装饰秋天庭院的其他品种。例如，蓝花种（如蓝花鼠尾草）湿地种（如沼泽鼠尾草）、变色种、深蓝鼠尾草等品种。

紫萼鼠尾草

玫瑰叶鼠尾草

紫云鼠尾草

蓝色少女

小叶鼠尾草

丹参

盆栽花园的空间感

花盆是用来培育植物的容器。一般将多种植物的混合种植称作盆栽花园。因为这种做法的重点在于通过将多种植物搭配组合使其达到视觉饱满、观赏度高的效果，故而一个小小的盆栽自身也能够成为一个小的花园或者小花坛。

将几个盆栽搭配组合，就可以得到充满立体感的赏花空间。盆栽最大的优点在于可以随时移动到其他地方，因此即便没有泥土，也可以用盆栽装饰出应季的花坛。

春花烂漫的阳台

在光照条件好的阳台上摆几只盆栽，宣告春天到来，万物复苏的喜悦。搭配好开花期不同的各类花草，在格子栅栏上挂几只吊篮，还可以利用园艺桌做立体装饰，营造出独特的变化。

组合盆栽、华美绚丽

将矮牵牛、匍匐牵牛及此类植物的盆栽和倒挂金钟、凤仙花等的盆栽共同搭配组合。烟属植物和丛植的蔷薇相得益彰，打造出极美的花园空间。

大门处

在低矮的门柱上放置三色堇的混栽，下面放置红色、白色和橘色的月季盆栽——一条精心打造的花之甬道将人们引向更加繁花似锦的庭院内。不仅是来客，连过路的行人见了也觉心头涌起暖意。

台阶通道

一直延伸到玄关处的台阶通道。即便是单调无趣的混凝土台阶，只要摆上花朵盛开的盆栽，走上走下都会变得充满乐趣。羽衣甘蓝、三色堇、香荠和紫罗兰，统一的紫红色系使得每一只盆栽看上去都和谐而安定。为了避免盆栽摔落，请选择稳定性较好且有重量感的盆栽。

植物的部位和名称 图解

植物的每一个部位都有约定俗成的叫法。记住这些叫法将有助于我们日后学习园艺。

草本植物（花草）

木本植物（花树、庭院花木）

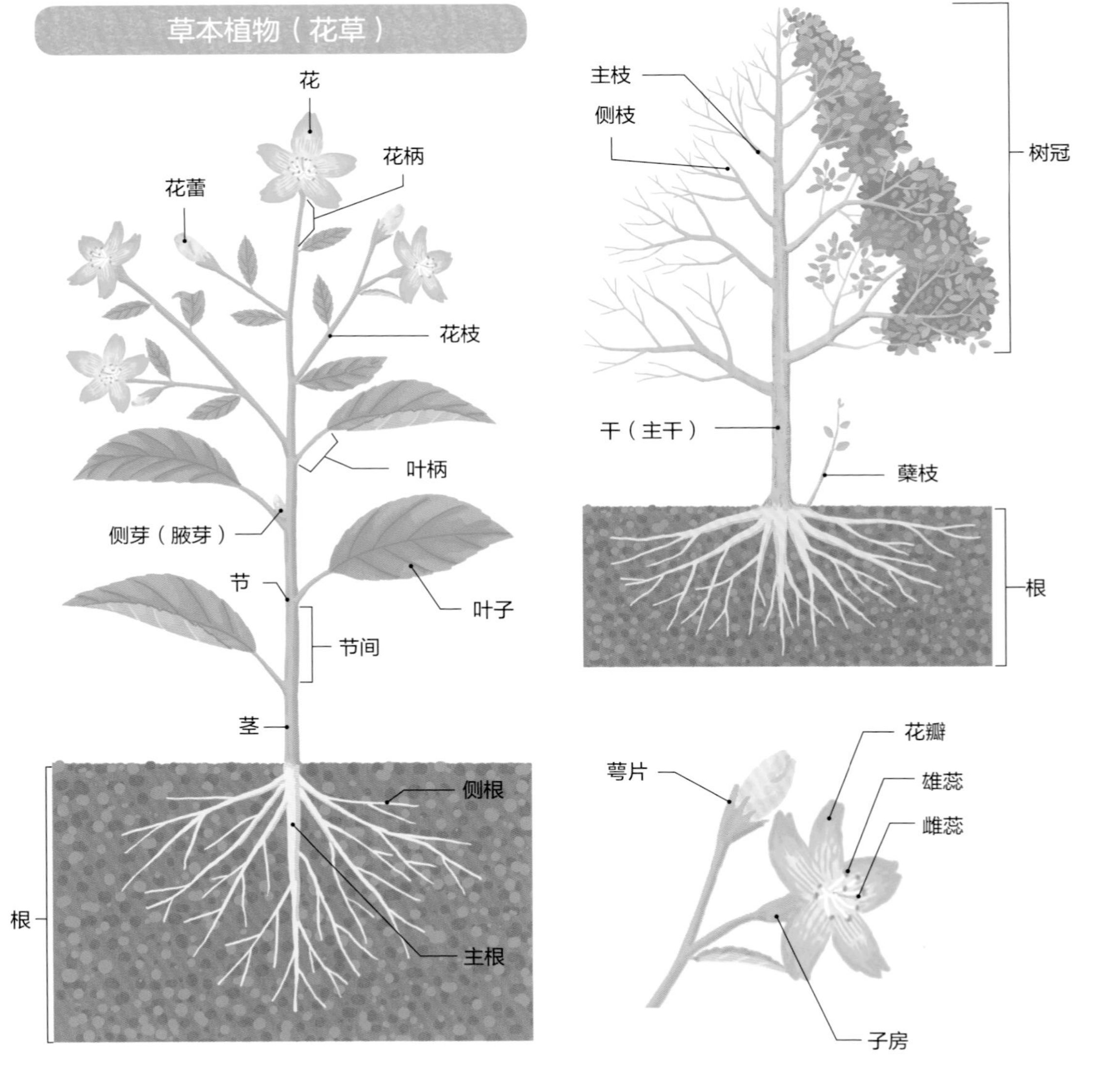

园艺植物品种的基本知识

从自然界的高大乔木到庭院里的小小花草，
地球上生长着各种各样的植物。
其中，经人工种植栽培的植物被称作“园艺植物”，以示区别。
在开始园艺作业之前，须事先了解
园艺植物的基本分类和植物适宜的生长环境。

植物的生命周期

植物都有自己固定的生命周期。清楚了植物的分类，就能知道恰当的种植方法。

植物的分类

▶“木本植物”和“草本植物”。

地球上的生物大致分为动物和植物，从生物学的角度来看，又可分为许多不同的种类。

植物可分为“木本植物”和“草本植物”两大类。我们常说的“花草”，是园艺学上的叫法，一般指的是为了观赏花叶果实而种植的草本植物。而出于观赏目的种植的木本植物则被称作“花树”或“庭院花木”。

如右页图中所示，有别于植物学角度的分类，我们从生命周期、种植条件和用途等园艺学角度出发，对出于观赏目的种植的花草和花木进行了更为细致的分类。

▶“一年或二年生草本植物”和“多年生草本植物”

根据生存期的长度和种植上的一些共同点，花草被大致分为“一年或二年生草本植物”和“多年生草本植物”两大类。

播种后一年之内完成开花-结实-枯萎-死亡全过程的“一年生草本植物”和播种后需要一到两年时间完成上述过程的“二年生草本植物”，统称为“一年或二年生草本植物”。根据播种季节的不同，可分为“春播”和“秋播”两类。

另一方面，“多年生草本植物”指的则是可存活两年以上的草本植物。其中有植物终年生长不落叶的“多年生常绿草本植物”，也有地上部分的茎枯萎之后根还保留着的“多年生落叶草本植物”。根据开花季节不同，多年生草本植物还被分为“春季开花”“秋季开花”和“四季开花”等类别。有着块状根茎的“球根类植物”也属于多年生草本植物，根据种植季节不同，分为“春植”“夏植”和“秋植”三类（详见P20）。

水仙

如果误将秋植水仙球根在春季或夏季播种，那么球根在土壤中就无法得到养护，可能会受到损伤，导致无法出芽。

松果菊

落叶多年生草本植物。若能精心莳弄，下一季也可开花。故花期过后，即便地上部分枯萎，也不要草草处理。

古代稀

秋植一年生草本植物。春季花期结束后，地上部分枯萎。之后无论如何，花都无法再生。

园艺植物分类

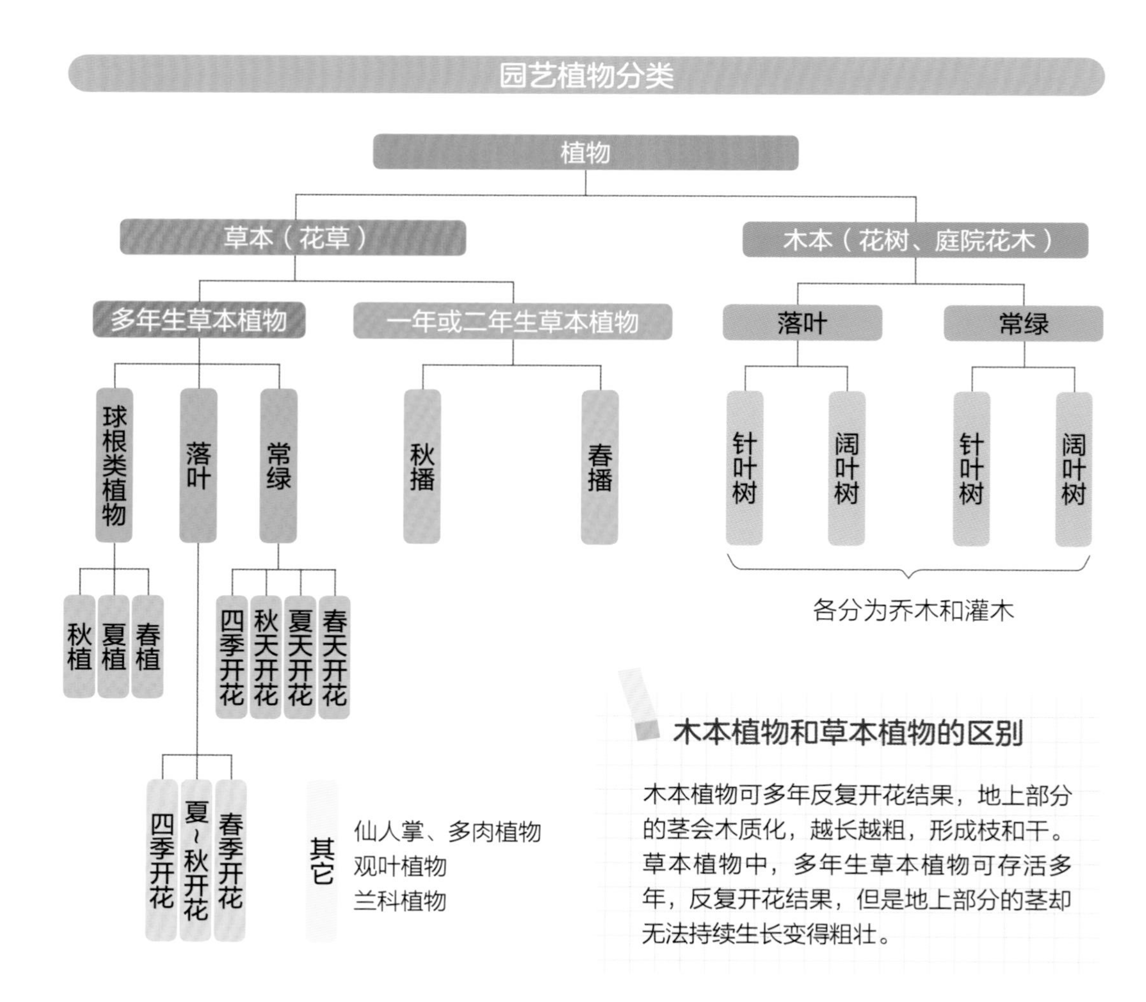

木本植物和草本植物的区别

木本植物可多年反复开花结果，地上部分的茎会木质化，越长越粗，形成枝和干。草本植物中，多年生草本植物可存活多年，反复开花结果，但是地上部分的茎却无法持续生长变得粗壮。

一年或二年生草本植物

▶ 根据播种时间的不同，开花季节也各不相同

秋播一年生金盏花

所谓“一年生草本植物”，指的是播种后一年之内完成开花、结实、枯萎、死亡全过程的植物。一年生草本植物中有“春播一年生草本植物”和“秋播一年生草本植物”。前者在春季播种，夏秋开花、结实，在冬天降临的时候枯萎死亡；后者在秋季播种，第二年春天到夏天到来之前开花，结实之后在夏天枯萎。

播种后一星期左右种子萌发，之后茁壮成长，开花结实。栽培时间相对较短，因此人们通常不选择从市面上买花秧回来种植，而是从种子阶段开始培育直至开花。

所谓“二年生草本植物”，指的是播种后需要一到两年时间完成开花、结实、枯萎、死亡全过程的植物。和一年生草本植物相同，二年生草本植物也分为春播和秋播两大类。春播二年生草本植物，种子萌发后，经历从夏到冬的生长发育期间，第二年的春夏开花。秋播二年生草本植物的话，有时候开花要等到第三年。

二年生草本植物的种类并不多，由于从播种到开花的等待时间较长，故而推荐想要早日欣赏到花朵的朋友，直接从市场买来花秧培育。

主要的一年生草本植物

春播	·牵牛花 ·大波斯菊 ·百日草 ·新几内亚凤仙花 ·向日葵 ·矮牵牛 ·马齿苋 ·万寿菊
秋播	·金盏花 ·香荠 ·非洲雏菊 ·雏菊 ·白晶菊 ·黑种草 ·三色堇 ·羽扇豆属

*同一品种也有一年生草本植物和多年生草本植物之分。根据栽培地区的气候和环境的不同，分类也可能发生变化。

一年或二年生草本植物的生命周期

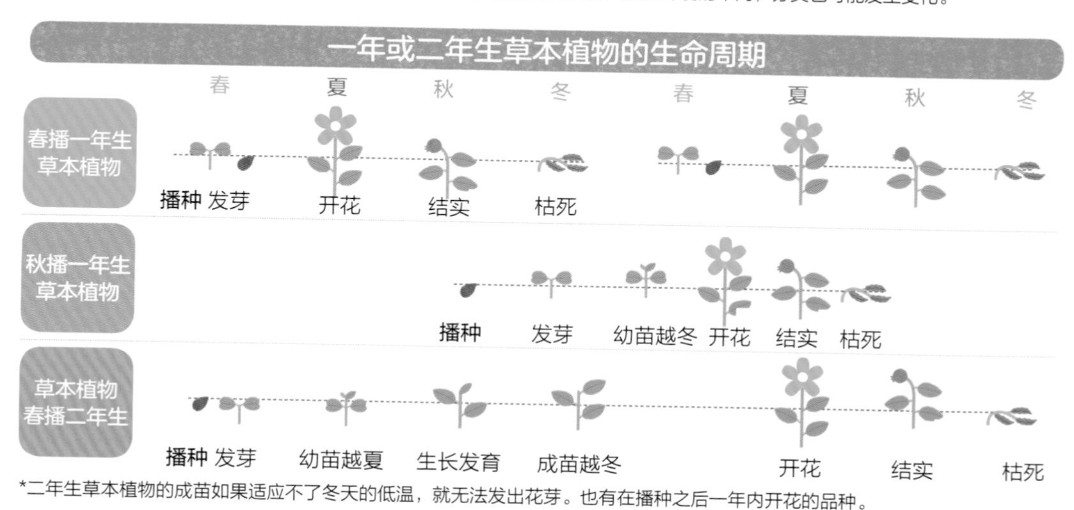

*二年生草本植物的成苗如果适应不了冬天的低温，就无法发出花芽。也有在播种之后一年内开花的品种。

一年生草本植物的生命周期和园艺作业

例如，作为春播一年生草本植物的牵牛花，春季播种，夏秋开花结实，之后生命结束。在园艺作业中，遵守播种时期是最基本的原则。在气温上升到一定程度之后播种，植物开始生长之后进行追肥、加立支柱，花开之后摘除枯萎的花蒂。恰当的莳弄和管理可以使之长久地保持健康美丽的状态。

牵牛花的生命周期

种子

◉ 播种

播种有两种方式。一种是直接在花坛或花盆里播种；另一种是在塑料花盆等培育容器里播种，等花秧长成之后再移植到别处。→P70、72

发芽

◉ 摘心

真叶长出7~8片之后，掐去顶芽，促进侧芽生长发育。→P90

真叶

◉ 间苗（疏苗）

植物发芽之后，预估好苗的长势情况，并且在幼苗长出两三片真叶时适当进行间苗→P75

茎、叶、根的成长

◉ 加立支柱

通过加立支柱，引导枝蔓生长→P96

◉ 追肥

在开花之前，适当进行追肥。开始开花之后，控制施肥的量。→P92

花芽

开花

结实

枯死

*关于各部分的园艺作业，请参照第五章（P87）。

多年生草本植物

▶ 常绿型和落叶型多年生草本植物

所谓多年生草本植物，指的是在一定的时期内开始生长发育，开花、结实之后也不会枯死，而是在下一季相同时期再次开花结实，并且这样的过程可以重复两年以上的花草。多年生草本植物有两类。一类是在一年中地上部分不会枯萎的常绿草本植物，另一类是落叶草本植物，地上部分枯萎后，地下部分仍能存活，并再次发芽成长。

有时候会将落叶草本植物称为“宿根草本”，以此和常绿草本植物区分开来。此外，有些情况下也会将包括落叶草本植物在内的所有多年生草本植物称作“宿根草本”。根据开花时期不同，分为“春季开花”、“秋季开花”、“四季开花”（一年中可多次反复开花）等类型。

可以从种子阶段开始培育。但是，由于有时候需要等好几年才开花，所以一般都是从市面上买回此类植物的花苗来种植。落叶草本植物种下之后可多次反复开花，但是花期之外枯萎的地面部分略煞风景，因此有个小诀窍，就是将其和一年或二年生草本植物搭配组合种植。掌握好色彩搭配的平衡，使得一年四时都有花可赏，最能展现出园艺者的水平。

主要多年生草本植物

花期	种类
春	筋骨草、南庭荠、蝴蝶花、针叶天蓝绣球、铃兰、老鹳草、福寿草、秋海棠、茼蒿菊
初夏	满天星、玉凤花
夏	莨菪、蓍草、落新妇属植物、紫椎菊、刺芹属植物、勋章菊、风铃草、桔梗、肥皂草、洋地黄、下野草、石竹、假龙头花、萱草、地黄
秋～冬	圣诞玫瑰、鬼针草属

生长环境不同导致分类发生变化

多年生草本植物，有耐暑性和耐寒性强弱之分。有些在原产地被归类为多年生草本的植物，会因为不适应本地的气候（尤其是夏季高温潮湿），第二年之后就不再开花。这类植物也会被当作一年生草本植物。

多年生草本植物的生命周期

春　夏　秋　冬

以某常绿草本植物为例

长出新芽

长出花芽

开花

地上和地下部分都保存下来

虽然地上部分不会枯死，但是会降低代谢以越冬（越夏）。多为耐寒性（耐低温的特性）较弱的植物。

以某落叶草本植物为例

长出新芽

长出花芽

开花

地上和地下部分都保存下来

开花过后，地上部分枯死，以降低代谢，帮助植物度过寒冬和酷暑。

多年生草本植物的生命周期和园艺作业

多年生草本植物会在每年的相同时期开花。花开过后，要细心摘除枯萎的花蒂。如果任凭花蒂残留在花枝上而不处理，会使得植株元气受损、花座腐烂，导致植物生病。

此外，因为地下部分之后还会继续生长发育，所以如果将其继续留在土壤中，会生长过度，导致中心部分闷湿、植株元气受损而生病。切记在适当的时候将其挖出或者分株，使其重振元气。

大叶玉簪的生命周期

花秧

◉ 种植

有在花坛里种植的方法，也有在花盆里种植的方法。种植之前不要忘记进行土壤改良。→种植：P78、80/土壤改良：P56、60

茎、叶、根的生长

花芽

开花

◉ 摘除花蒂

花开过后摘除枯萎的花蒂，使其不再结实→P98

◉ 短截

开花最盛期过后，在结实之前剪短茎、枝→P100

结实

落叶（休眠）

◉ 移植

在花盆中种植的话，每年春天或者秋天进行移植→P104

充实植株

◉ 分株

花坛种植的话，每三四年一次，在春天或者秋天挖出植株进行分株→P106

◉ 浇水

在花坛中种植的情况下，除了夏天的干燥期之外，平时不必浇水。而在花盆种植则要在土表干燥时给予充分的水量补给→P88

◉ 追肥、中耕

在花坛中种植的情况下，春天和秋天要给植株的周围施化合肥。在花盆中种植的话，除了夏天和冬天的生育休止期之外，需要定期进行追肥→P94

球根植物

▶ 利用地下贮藏养分的器官生长发育

球根植物是多年生草本植物的同类，指的是地下根或茎等部分肥大成为球根（储存养分的器官）的植物。球根植物会利用储存在球根的养分生长发育，长出花朵。花期结束后，地上部分枯死，但是地下部分会储存养分存活下来，在土壤中安静休养，等待时机。

根据种植季节的不同，球根植物分为春植球根植物、夏植球根植物和秋植球根植物。此外，根据地下贮藏器官的形态与功能分为鳞茎类、球茎类、块茎类、根茎类和块根类五大类。

球根植物开花较慢，但是期待花开的过程却令人快乐。直接买回花秧种植固然省事许多，但还是推荐从球根开始种植。只不过在开花之前，光秃秃的球根略煞风景，所以需要费些心思，将其和花期较长的多年生草本植物搭配种植，才能使花朵常开不断。待球根植物开出花朵时，定能和同植的花草组成热闹非凡的盛景。

主要的球根植物

春球根植物	•朱顶兰 •水芋 •花叶芋 •美人蕉 •唐菖蒲 •文殊兰 •姜黄属 •嘉兰属 •姜 •葱兰 •大丽花
夏球根植物	•酢浆草 •秋水仙 •黄花石蒜 •娜丽花 •花韭 •石蒜
秋植球根植物	•银莲花 •葱 •酢浆草 •藏红花 •仙客来 •绵枣儿属 •水仙 •雪花莲 •郁金香 •麝香兰 •风信子 •贝母属 •小苍兰 •百合 •毛茛属

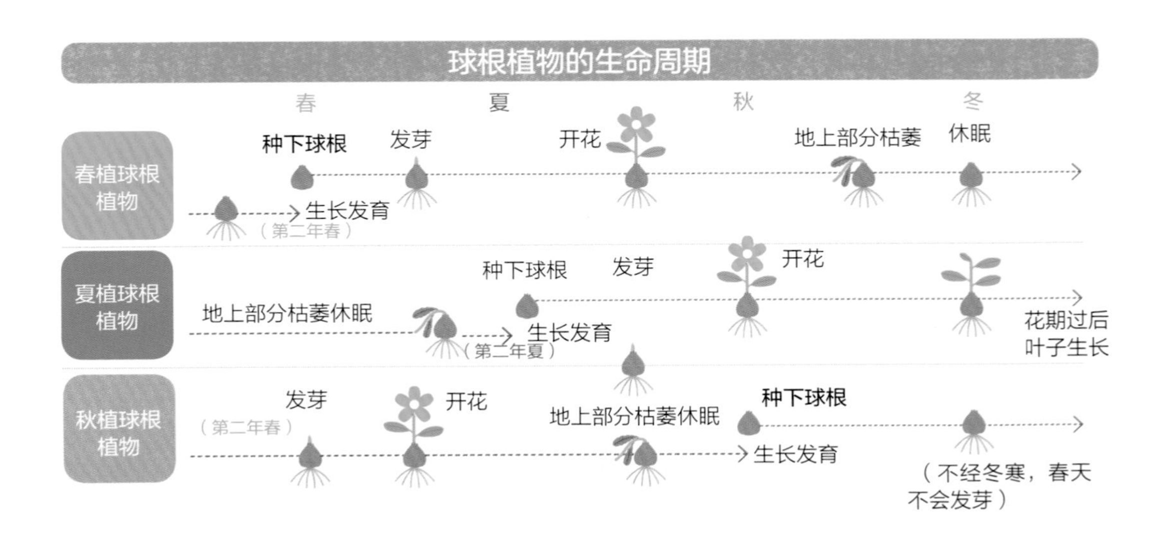

球根植物的生命周期和园艺作业

一般来说，球根植物的生命周期如下：种下的球根发芽开花→叶子进行光合作用，将养分储存在球根中→完成使命的地上部分枯萎休眠。土壤中的球根会因为高温潮湿的气候或霜冻受到损伤，为了下一季也能欣赏到花开，需要在适当的时候将球根挖出保存。挖出的时间以及保存方法因球根的种类而异。

郁金香的生命周期

球根

◉ **种植**

花坛种植和盆栽种植的方法→P82、84

发芽

◉ **浇水**

因为球根中储藏着一定的水分和养分，所以花坛种植的情况下一般不需要浇水。不过要留心不能太过干燥。→P88

◉ **追肥、中耕**

出芽过后要定期追肥→P92、94

分球

◉ **挖出球根**

叶子枯萎之后，挖出球根，加以保存→P110

结实

◉ **摘除花蒂**

摘除开过花的花蒂→P98

真叶

茎、叶、根的生长

开花

球根的种类

根茎类　如生姜一样横向延伸的、地下茎肥大呈棒状或块状的球根植物，包括美人蕉、铃兰、德国鸢尾、姜、铃兰等

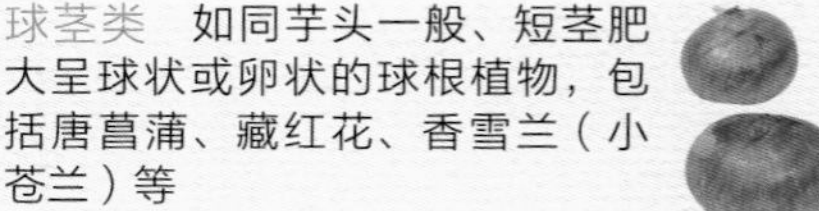

球茎类　如同芋头一般、短茎肥大呈球状或卵状的球根植物，包括唐菖蒲、藏红花、香雪兰（小苍兰）等

块根类　如同红薯一般、根部肥大呈块状或纺锤状的球根植物。包括大丽花、毛茛等

块茎类　如番薯一般、地下短茎和地下茎的前端肥大呈球状或块状的球根植物。银莲花、仙客来、球根秋海棠等

鳞茎类　如洋葱一般、芯部（短茎）被肥大的叶片（鳞片）层层包裹呈球状，包括朱顶兰、水仙、郁金香、风信子、百合、贝母等

增加仙人掌和多肉植物数量的方法比较简单。图中为减掉根茎插在花土中的多肉植物。植株乱向生长、生长发育不理想，或者想更新植株的时候，可采用此做法。

仙人掌和多肉植物、观叶植物、兰科植物

▶ 仙人掌和多肉植物

仙人掌是对所有仙人掌科植物的总称。多肉植物指的是植物的根、茎、叶肥厚多汁并且具备储藏大量水分功能、足以抵抗干旱环境的植物。仙人掌也属于多肉植物，但是，一般情况下，多肉植物专指仙人掌科以外的植物。

仙人掌与多肉植物之间最大的差异在于刺座这一特殊器官。仙人掌有刺座，刺座上长有仙人掌特有的刺和绒毛，而多肉植物则没有刺座。此外，仙人掌原产于干燥的美洲大陆，多肉植物则以非洲大陆为中心在世界上广泛分布。根据生长发育的时期不同，多肉植物可以分为“春秋型”“夏季型”“冬季型”三大类。每一类的管理方法都有所不同。大部分仙人掌的生命周期和夏季型的多肉植物一样。为了在混植的时候方便打理，需要将生命周期相同的植物搭配组合。

主要仙人掌的观赏要点

姿态	扇状仙人掌
刺	金琥仙人球、智利球属仙人掌
花	顶花球属仙人掌、瘤玉属仙人掌、丽花球属仙人掌

主要的多肉植物

春秋型	拟石莲花属植物、景天属植物、十二卷属
夏型	龙舌兰属
冬型	肉锥花属、生石花

▶ 观叶植物

观叶植物，一般指为观赏叶子而非花果的颜色形态而种植的植物。除仙人掌和多肉植物外，其他叶形和叶色特别的花树、蔓性植物、蕨类植物、苔藓植物、食虫植物等有时也被称作观叶植物。

观叶植物多为原产于热带和亚热带地区的常绿植物，不太适应直射阳光、较大的昼夜温差和冬季严寒，因此一般种植在室内明亮的地方，有些非常需要在背阴处种植的植物仅靠室内灯的光照也能生长。

对观叶植物来说，一般气温较高的春夏季节为其生长发育期，气温较低的秋冬季节为其休眠期。和其他花草一样，观叶植物要配合生命周期种植、分株、移植、越夏越冬等。照顾得好的话，植物可以存活10年甚至更长时间。

主要的观叶植物

多年生草本植物	广东万年青、文竹、海芋属、吊兰、莎草属、白鹤芋属、花叶万年青、紫露草、冷水花、网纹草、新娘草
蔓性植物	佛珠、绿萝、石柑属、喜林芋、常春藤属、龟背竹属
花树	咖啡树、朱蕉属、虎尾兰、鹅掌柴、酒瓶兰、龙血树属、发财树、丝兰
蕨类植物	掌叶铁线蕨、铁角蕨属、肾蕨、凤尾蕨属

观叶植物的花，要在冬季干燥期用喷雾给叶子施水、保持湿润。

▶ 兰科植物

兰科植物大致可分为原产地为日本或中国的东洋兰以及原产地为其他地区的西洋兰两大类。花的寿命较长，有些品种的花期在一个月以上。兰科植物多为原产地位于热带或者亚热带地区、需要在温室里培育，但是，也有像春兰和西洋兰一样在庭院或者室内过冬的品种。

大部分兰科植物的生命周期如下：春夏季节，茎、叶和根生长，冬季长出花芽或者结出花蕾，开花。和其他花草一样，一般需要在春秋季节的生长发育期内进行浇水和追肥，冬季休眠期则不必过于费心。想要兰科植物能够长久生长，关键要在其结束休眠期进入生长发育期时及时进行分株和移植。

花草休眠是怎么回事？

多年生草本植物一生中会经历多次低温、高温和干燥等不适于生长发育的季节。在这种时候，多年生落叶草本植物和春植球根植物，会像在冬天褪去叶子的落叶树木一样，地上的部分枯萎停止生长发育。不耐酷暑的多年生常绿草本植物也会在夏天的时候拼命降低代谢，停止生长发育以保存元气。不适应高温的秋植球根植物，夏天的时候地上部分枯萎，在秋天来临之前，会一直让新长的地下球根处于休眠状态。

如上所述，多年生草本植物和球根植物，都会使用“休眠”这一绝技，让自己暂时停止生长发育，渡过困难季节。

兰科植物的代表品种

蝴蝶兰
最普遍的兰科植物。白花、红花、黄花、朱唇等六个品种。

蝴蝶兰型石斛
花色多样、大小各异。除盆栽之外，还多用于切花。

兜兰
属附生兰，亦有地生品种。其特征是花瓣的一部分呈口袋状。

文心兰
属附生兰，分枝的茎端长满带有脊状突起的花朵。

卡特兰
属附生兰，在国际上有“兰之王后”的美称。植株强健且寿命长。其中有易于种植的迷你型。

石斛
属附生兰，以亚洲热带地区为中心广泛分布，多为野生。属于易种植的兰科植物。

兰花
属地生兰，野生分布于热带和温带地区。其特征是花的蕊柱为舟形。

万代兰
原产于东南亚地区，属附生兰。花色丰富，还有极为少见的蓝色花朵。

植物的生长环境

适合每种植物生长发育的环境是一定的。从背阴向阳和日照时长等方面，把握适合花草生长的环境，也是非常重要的园艺工作。这些信息在种子包装袋和花秧的标签上都有记载，一定要提前用心查看。

背阴与向阳

绿色植物会利用太阳光生成对自身生长必不可少的养分（即光合作用）。对于这些能实现营养物质“自给自足”的植物来说，太阳光是必不可少的。但是，不同的植物所需要的光照量也不一样。例如，向日葵和郁金香等被称为阳性植物（又称强光性植物），除了夏天的直射阳光外，整年都需要强烈的光照。秋海棠和凤仙花等被称为中光性植物，一年中需要的是柔和的光照。大吴风草和蕨类植物被称为阴性植物（又称弱光性植物），即便在背阴处也能茁壮成长。

仔细观察预定的种植场所或者放置场所在一天中接受光照的情况，提前确认好此处环境是否适合于花草生长，是非常重要的环节。

日照时长

太阳光在一天中照射的时间被称为“日照时长”。植物会在各自固定的季节里开花，而对植物感知季节影响最大的因素是日照时间的长度。植物可大致分为“长日植物”和“短日植物”两类。每天的日照时间长于它的临界日长才能长出花芽的是“长日植物”，反之，每天的日照时间短于一定临界值时才能长出花芽的是“短日植物”。例如，如果将短日植物大波斯菊种植在整晚都有户外灯照射的明亮场所，即便日照时间短了植物也意识不到，可能造成花芽长不出、怎么也开不了花的情况。因此，有必要提前详细调查周围的环境会对植物带来的影响。

主要的植物及其光照量

阳性植物	•牵牛花 •大丁草属 •大波斯菊 •郁金香 •向日葵 •矮牵牛 •万寿菊等等
中光性植物	•凤仙花 •非洲紫罗兰 •樱草花 •秋海棠 •绿萝
阴性植物	•玉簪 •黑儿波 •蕨类植物 •大吴风草 •鱼腥草 •常春藤 •虎耳草

主要的长日植物和短日植物

长日植物	•金鱼草 •紫罗兰 •洋桔梗 •石竹 •矮牵牛
短日植物	•牵牛花 •伽蓝菜 •大波斯菊 •鼠尾草 •蟹爪兰

温度

植物可大致分为耐暑性强和耐寒性强的两大类。此外，最适宜各自生长的温度是一定的。环境的温度持续高于或者低于这个温度，都会导致植物生长发育迟缓、开不出花，甚至是枯萎的情况出现。为避免这类问题，切记要在适宜植物茁壮成长的气候里播种或者种下花秧。

一般来说，原产地的气候最符合植物生长的环境条件。耐暑性强，还是耐寒性强，生长适温是多少，播种和种植最适合的时期……类似这些信息在种子包装袋或者花秧的标签里都有记录，一定要记得确认（种子包装上相关信息的查看方法详见P69）。

通风和排水

通风和排水（土壤湿度）具体要怎样进行呢？例如，受梅雨季节的湿气和夏季闷热的影响，在大的墙壁或者围墙附近的花坛易出现病虫害。另一方面，在没有遮挡物的风口，不耐大风摧折的植物很难生存。此外，长期潮湿土壤中空气流通条件较差，可能会造成植物的根茎缺氧，但是对于那些原产自热带雨林的植物来说，这或许反而是舒适的生长环境。

为所种花草提供适宜的生长环境很重要，仅仅因为操作繁琐就选择放弃是不值得的。略费些心思，采用可根据天气和季节变换环境的花器种植，然后尽情享受园艺带来的乐趣。

耐寒性和耐暑性

指能耐受0℃以下低温的特性。一般来说，耐寒性强的植物能够在寒冷地带越冬。耐寒性弱（非耐寒性）的植物能耐受的最低气温为5～10℃之间，越冬在室内进行。处于中间的（半耐寒性）植物能耐受的最低气温为0℃左右，采取防霜措施后可在室外越冬。

指能耐受25℃以上的夜温（夜间温度）的特性。一般来说，耐暑性强的植物就算连续一个多月处在夜间温度为25℃以上的环境中也能够生长发育、开出花朵。耐暑性弱（非耐暑性）的植物则无法生长发育、甚至枯死。

庭院和阳台的光照条件

庭院和阳台的光照条件会根据方位和周围的环境发生变化。
不同的时间和季节会给投影和风向带来怎样的变化？
这些都要用心观察哟。

北侧 建筑物的投影会影响日照时间。因此，可选择在此处种植阴性植物，或者选择在必要时可移动位置的盆栽。

西侧 上午得不到光照，但是下午有夕阳回照，因此适合种植中光性植物。夏季要做好防晒措施和应对干燥的对策。

东侧 光照条件比较好，最适宜种植花草。如有相邻建筑物或围墙，需注意留出间隔，保持通风。

南侧 此处环境光照条件最好，因此最适合种植阳性植物。但需注意夏季强烈的光照、高温和干燥等状况。

- 通风条件良好，但有时光照不足。必要的时候需移动位置，使其接受光照。
- 混凝土墙壁会给阻挡此处的光照，因此适宜种植阴性植物。如有阳性植物可置于高台之上，保证充足的光照。
- 此处光照条件最好。将阳性植物放置于栅栏旁边即可。但是要注意夏季强烈的光照。
- 此处如果是水泥地面，夏季温度会很高。为了散热，可将植物放于板架或者台架上。

园艺必备工具和材料

开始园艺作业之前，准备好必备的工具和花土。
园艺专用花剪称手好用，让园艺作业更顺利。
必备工具还会因植物和花坛的大小而有所不同，
可以参考本章，列一张必备品清单。

园艺必备工具

最开始要准备的三样物品：移植铲、喷壶、花剪。这些工具种类很多，按照称手好用的标准来选择即可。工具还需要坚固耐用，虽然设计也很重要，但强烈推荐实用性强的工具。

铲子及其他挖土工具

▶ 选择适合自己的工具

园艺作业的第一步就是改良土壤，因此铲土工具必不可少。此外，还需备齐挖土、耕土、平土等工具。家庭用品店里的工具都是按用途分类的。请在购买之前将实物拿在手中，实际感受工具的手感、大小和重量是否适合自己。

接下来的很长时间里，你都要和这些工具打交道。购买之后要爱惜使用自不必说，工具如有破损也请及时修理。还要养成习惯，使用后要清除泥土、用水洗净、控干水分，放在特定场所保存。一定不要让工具在露天里任凭风吹雨打。

用于改良土壤和种植的必备工具

移植铲

用于松土和挖掘土坑，以移植秧苗或球根。挖坑时，要使铲尖和地面保持垂直，填坑和平土时，要注意将铲子卧放使之背面与地面平行。

以移植铲代替量尺

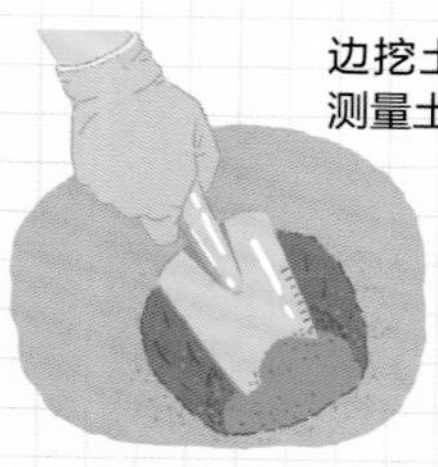

如果铲子带有刻度，在移植秧苗或球根时，可边挖土坑边测量深度。此外，一般的移植铲从铲尖到柄末的长度大约是30厘米。在测量植株间距时可以此为基准。

培土（压土）铲

往花盆里培土和向植株上覆撒泥土时用的工具。尺寸多样，大的培土铲在铲土移植铲更有效率。小的培土铲在植株较为密集时也能实现精准覆土。

熊爪耙

用于翻动板结的土壤。不适用于过大的作业面积。轻便灵活，适用于植物根部或者其他较为狭小的空间作业。

尖铲

挖掘土壤时使用，前端尖锐形同剑尖，可以切断扎在土壤中的植物根部。

使用方法

双手握把，一脚踩在铁铲肩部。借助自身重量将铲子插入泥土中，然后往下压把杆，利用杠杆原理挖掘土壤。

平铲

将花土和堆肥铲起移往别处时使用。铲尖平整，故而很容易搂耙散土。

使用方法

铲心朝上，惯用手反握在靠近铲子的位置，另一只手轻握柄部，双脚打开并坐下，铲土时双臂左右摆动。

钉齿耙

可用于平土。使用时的诀窍在于，像梳理土表一样前后翻动土壤。在匀平土表的同时，还可以利用梳齿状的刃尖耙除土块、石头和其他残余物。

园艺桶

桶内壁上有刻度，加花土时会用到。可先将花土、工具和植株放入桶中之后再搬运。

筛子

要使土壤颗粒一致，或是清除混入花土中的石子、土块、残根、垃圾时使用。不同筛子的网眼粗细大小不同，需根据实际需要挑选使用。筛网最好可以取下替换。

喷壶等浇水工具

浇水是最重要的园艺作业之一。喷壶需要装运的水较多，故而推荐选择本身质量较轻的喷壶。塑料喷壶轻便耐用，还不用担心会受潮生锈。

喷壶的喷嘴前端状如花洒的部位被称为“莲蓬嘴”。平时浇水时，要将莲蓬嘴取下后使用。将莲蓬嘴转向上方，水流会减缓，反之水流就会增强。莲蓬嘴的出水口越细小，水流就越轻缓，浇水时越不容易出现泥点乱溅的问题。

可装卸的莲蓬嘴确很方便，取下的莲蓬嘴要妥善保管，避免丢失。

当播下的种子颗粒较小时，喷壶的水流会让种子从土壤里漂浮流出，所以此时一般用喷雾浇水。

有一种喷雾使用时比较方便，通过转动喷嘴前端的喷雾口可以调节喷出的水雾颗粒的大小。（关于浇水详见P88）。

浇水工具

喷壶

播下种子或种下植株之后，平日浇水时使用。装满水的喷壶较重，故而推荐选择较轻便且耐用的塑料喷壶。莲蓬嘴能拆卸的喷壶更方便。

莲蓬嘴的使用方法

给刚播下的种子或幼苗浇水

将莲蓬嘴转向上方。落下的水滴可能造成土壤翻动，因此需要提前调整，用淋浴状的水流浇水。

给长成的植株浇水

将莲蓬嘴转向下方。此时的植株已经生长到了一定程度，故水流稍强一些也无碍。植株根部要充分浇水。

给土坑浇水

取下莲蓬嘴。倾斜喷壶调节水压，以防水压太强冲垮土坑。可用手挡住水流，使落水点固定。

水壶

用于室内浇水和喷洒液体肥料。给植株根部浇水时，喷嘴细长型的水壶更易操作。施肥的时候推荐使用带刻度的水壶。

喷雾（手压式喷雾）

播种后或者给观叶植物的叶子喷水时使用。手柄持握方便且易按压的喷雾是良选。

量杯

计量和稀释液体肥料或药剂时使用，和滴管搭配使用能更加准确计量出所需分量。

软管、软管喷嘴、软管绕线架

给庭院、花坛或几个花盆浇水时，用带有龙头的软管引水会事半功倍。给软管装上带有莲蓬嘴的软管喷嘴，就不用费心往水壶里装水了。再准备一个软管绕线架，将长长的软管卷起收纳，实在是再方便不过了。

专用花剪

很多人都认为，摘除花蒂和适当的短截作业，用什么样的剪刀都可以。但是，如果每项作业都使用专门的花剪，不仅能使作业更顺畅，还能减少对花草造成的损伤。

花剪也有很多种类。实在不知作何选择时，不妨就选用能进行基本园艺作业的“园艺剪”（树剪、整枝剪子）。当然，将花剪拿在手中，亲自感受其重量和手感是非常重要的。除了使用称手之外，排在第二位的参考要素是花剪的承接部分要结实耐用。

园艺作业步入正轨之后，不妨再买一把“摘芽剪”。用来摘除花芽和花蒂的摘芽剪具有比园艺剪刃尖更细的特征。即便是在拥挤狭窄的地方，刃口尖细的摘芽剪也能派上用场，进行精细作业。（摘除花芽详见P91；摘除花蒂详见P98；短截详见P100）。

修剪工具

园艺剪（树剪、整枝剪子）

摘除花芽、截根等精细作业时使用。能剪断直径约1厘米的木枝。

摘芽剪

刃口尖细、整体小巧。比起一般的园艺剪，能进行更精细的作业。

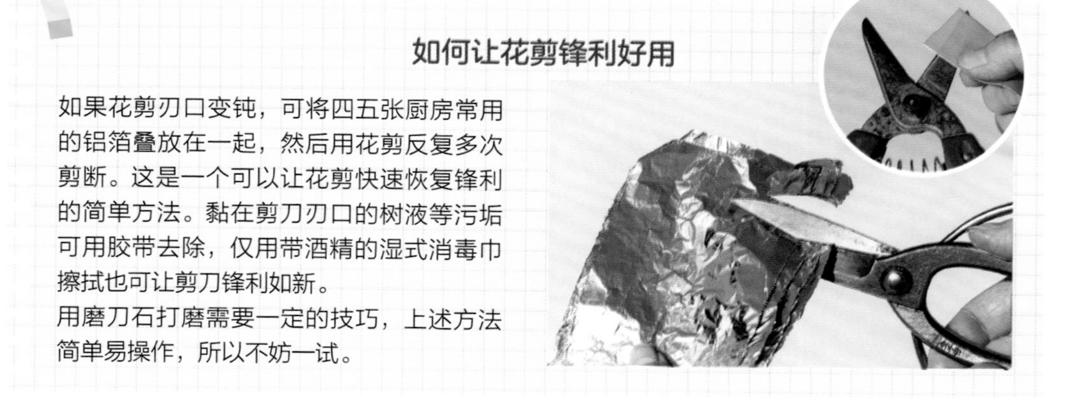

如何让花剪锋利好用

如果花剪刃口变钝，可将四五张厨房常用的铝箔叠放在一起，然后用花剪反复多次剪断。这是一个可以让花剪快速恢复锋利的简单方法。黏在剪刀刃口的树液等污垢可用胶带去除，仅用带酒精的湿式消毒巾擦拭也可让剪刀锋利如新。

用磨刀石打磨需要一定的技巧，上述方法简单易操作，所以不妨一试。

花剪的保养方法

黏在剪刀刃口的泥土和树液如果长期不作处理，剪刀不仅会变钝，还会生锈。一定要在使用过后用水洗净，控干水分。此外，两片剪刀刃的连接处和弹簧部分需要定期涂抹润滑油。
用摘芽剪来剪除花芽和花蒂的时候，需要事先火烤消毒。

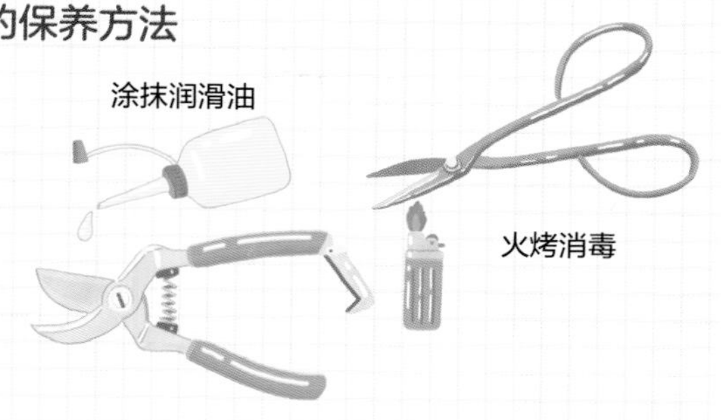

修枝剪

能剪断直径两三厘米的木枝。其特征是两片刃形状不同，较小的一片刃叫"受刃"，较大的一片叫作"切刃"。

握法

握持时受刃向下，无名指和小指握住下柄以控制切刃的活动。

修篱剪

修建庭院树木和绿篱时使用。其特征是刃长柄也长，且刃带有一定角度。

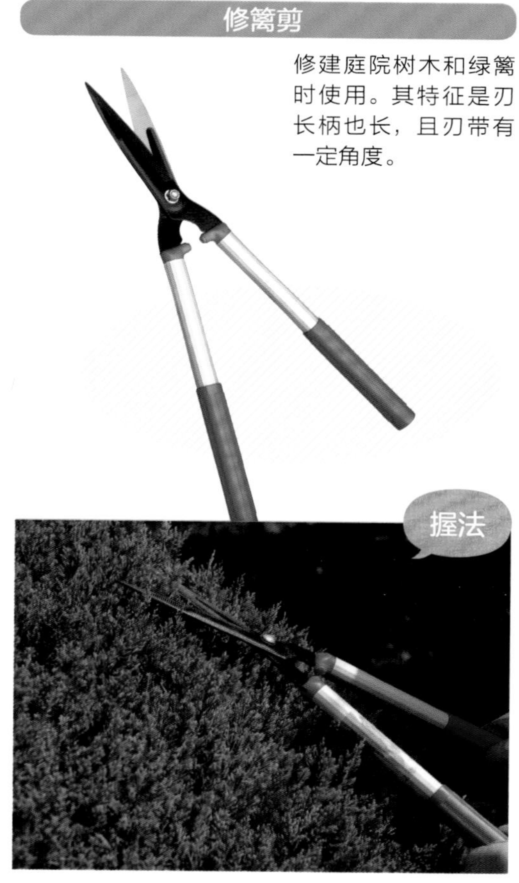

双手握住柄的末端，使刃口与修剪面平行。修剪时，一只手固定不动，另一只手小幅度活动即可操作。

提高除草效率的工具

虽然一遍又一遍地除草，但杂草还是“春风吹又生”。除草是份苦差事，选择专用的除草工具，可以提高效率，减轻负担。

例如，清除较为柔软的新生杂草和株高两三厘米的杂草时，可以使用“锄头”或“扭转镰刀”。锄头的优点在于柄长，可以站着使用。扭转镰刀的刃口角度，使割草更为容易，刃口尖端可以轻易伸到杂草下方，稍稍转动手腕就可以轻松割断靠近地表的草根。

“割草镰刀”有弯曲的长刃口，能够有效清除茎部坚硬或较高的杂草。除草时，将镰刀的刃口锯扯杂草根部，就可以有力地割断杂草。

此外，有很多种辅助除草工具。比如，将刃口插进根部后能将杂草连根拔起的“起根器”和拔草铲等。购买时一定要将实物拿在手中仔细思考，备齐所需要的除草工具。

除草工具

割草镰刀

用于割断已长成的杂草和植物。“锯齿镰刀”的镰刀部分呈锯齿状，故而可以割断细小的枝丫和坚硬的根茎。

三角锄

镰刀部分呈三角形，两边有刃。又称“除草锹”，除了除草之外，还可以用于浅耕和培土。

除草镰刀

使用时的诀窍在于，将刃口插进杂草根部后，用另一只手将杂草用力拔起。还要抖落黏在根部的泥土。

除草的时机和要点

关于除草时机，有三个决不能违背的原则。❶土壤干燥的时候；❷杂草尚矮小的时候；❸最晚也要在结籽之前。土壤干燥的情况下，无论用手拔，还是用镰刀割，除草作业都较为轻松。相反如果土壤很潮湿，不仅除草困难，被割下的杂草也可能吸取水分再次存活。另外，结籽之后再除草，草籽会被抖落下来，反而给杂草生长提供了便利。

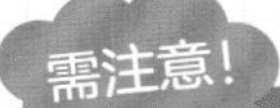

认识杂草

通过地下茎生长

打碗花（小旋花）

问荆（笔头菜）

艾蒿

通过伸展的藤蔓和匍匐枝扩张势力范围

酢浆草

马齿苋

乌蔹莓（五爪龙）

通过种子不断壮大

升马唐

白藜

莎草

园艺用土

排水性好的土壤、保水性好的土壤、酸性土壤等，每种植物的适宜土壤都不一样。园艺用土种类虽多，只要选择所种花草需要的花土即可。在掌握调配花土的方法之前，也可以购买市面上的“营养土”。

基本园艺用土

用来栽培园艺植物的土壤被称为“园艺用土”。园艺用土有很多种类，其中，“基本用土”指的是根据所种植物的喜好调配营养土时，作为基底用的土壤。下页中介绍的“改良用土”，指的是为弥补基本用土中缺少的成分而增加的土壤。

赤玉土、鹿沼土、黑土等都属于基本用土。基本用土的透气性、排水性、保水性和保肥性都很好，缺点是几乎不含有机物，因此仅靠基本用土无法培育植物。

含有机物的改良用土可以肥沃土壤，因此一般将基本用土和改良用土混合使用。

园艺基本用土

赤玉土

日本关东垆坶质土壤层的红土干燥后形成的弱酸性土壤。保水性、排水性和保肥性好。根据颗粒大小分为大颗、中颗、小颗，含水后也不易变形。

鹿沼土

日本栃木县鹿沼地方的特产土。轻石质的火山沙砾风化后形成的酸性土。呈颗粒状，故而排水性好。

黑土

日本关东垆坶质土壤层的表层土，多含有机物质。保水性和保肥性好，但通气性和排水性差，又称黑表土。

改良用土

改良用土，指的是为弥补基本用土中缺少的成分而增加的花土。腐叶土和堆肥、蛭石和珍珠岩都属于改良用土。前两者能够增加土壤中的有效微生物，使土壤变得肥沃，后两者能够提高土壤通气性和排水性等性能。

购买时一定要选择完全成熟的腐叶土和堆肥，未成熟的腐叶土和堆肥会在植物根部发酵，造成植物生长发育不良和烂根。此外，在使用蛭石和珍珠岩等无机改良土壤时，要统一土壤与基本用土的颗粒大小。颗粒不一致，植物根部就无法均匀伸展，从而出现生长发育不良的问题。

主要的改良用土

腐叶土

阔叶树等的落叶腐殖后形成腐叶土。通气性、保水性、保肥性好。能够让土壤中的微生物更加活跃，使土壤形成团块结构（详见P54）。

堆肥

麦秆、草，动物粪便发酵腐烂后形成堆肥。通气性、排水性好。能够让土壤中的微生物更加活跃，使土壤形成团块结构。

蛭石

一种矿物质，高温加热烧制成的人工土。通气性、保水性、保肥性好。蛭石具有无菌、环保、质量轻的特点，因此也可用作播种用花土。

苔藓泥炭

湿地中的泥炭藓长时间泥炭化，形成苔藓泥炭。通气性、保水性、保肥性好，但是酸性非常强，因此要根据需要调整酸度。苔藓泥炭无菌且环保，也可用于室内园艺和播种用花土。

珍珠岩

将属于火山岩的珍珠岩等用高温烧制成的颗粒状人工轻石（浮石）。通气性、排水性好，保水性、保肥性差。可用改良黏质土。

炭化稻壳

将稻壳加热使其不充分燃烧形成的炭化物质。通气性、保水性好，但是碱性非常强，因此要避免多用。

其他的园艺用土、石灰材料

泥炭藓

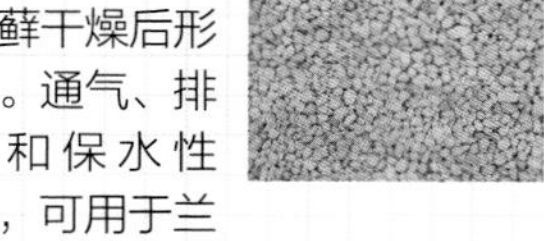

生于湿地的泥炭藓干燥后形成。通气、排水和保水性好，可用于兰科植物和观叶植物的栽培，通常润湿后再使用。

轻石

火山活动喷发出的一种固形物，内有无数小洞，质量非常轻。通气性、排水性好。可分为大颗、中颗、小颗三种，其中小颗能用于改良排水性差的土壤，大颗可用作钵底石。

石灰材料

改良酸性土壤时的必需材料。镁石灰使用方便，由石灰和氧化镁按一定比例配置成。此外，还有熟石灰、牡蛎壳灰等。

市售营养土

有时候种植的花草数量有限，购买的基本用土和改良用土会超过实际所需，产生浪费。这时候，从市面上购买“营养土”再适合不过了。不知道如何改良土壤和没有时间改良土壤的人，不妨也试试这个办法。

市面上销售的营养土是根据植物的种类和用途进行合理配比制成的。一般花草用自不必说，营养土还有球根植物用、混种用、观叶植物用、三色堇用等多种类型。有些营养土中还配有肥料（参见P42），使用起来十分方便。

购买时，一定要确认好包装袋上的质量认证和说明书。使用之后也要谨记持续观察土壤的排水性和保水性。市面上销售的营养土，其实也是量产的“既成品”。因此，万一营养土不适合所种的花草，不妨根据花草的喜好添加基本用土和改良用土进行调整。

营养土包装标识的阅读方法

如果能看到里面的实物，请选择土壤颗粒的大小均一且细碎土末较少的营养土。颗粒的大小不均一，细碎土末较多的话，土壤的排水性和通气性会变差，造成烂根。此外，还必须要检查土壤是否长霉和附有水滴。出现霉菌和水滴很可能是因为加入的堆肥没有成熟，要避免使用这样的营养土。

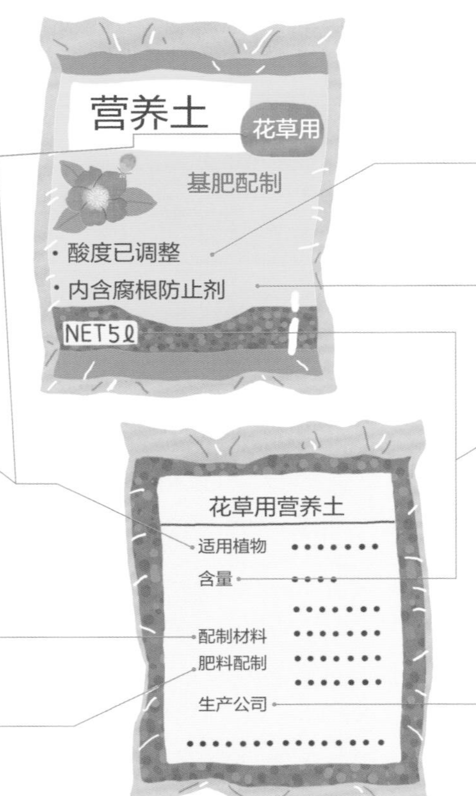

是否进行过酸度调整

如未调整，须将该营养土和石灰材料混合使用

是否含腐根防止剂

没有的话，要根据所需混入腐根防止剂

含量

花盆种植的话请参照P66确认所需要的含量

适用植物的种类、植物名、用途

确认该营养土是否适合自己想种的花草

配制原料和材料名

明确标注原料和材料名及其相应比例的产品可信度较高

是否有肥料配制

不含肥料的话要将该营养土和基肥混合后使用

生产、销售公司名称、地址、电话号码等

没有明确标注的话产品的可信度较低，请避免购买

营养土的种类

花草用营养土（通用类型）

从花草到蔬菜，可用于大部分的植物。以赤玉土和鹿沼土为基底，混合有腐叶土和堆肥。

花草用营养土（专用类型）

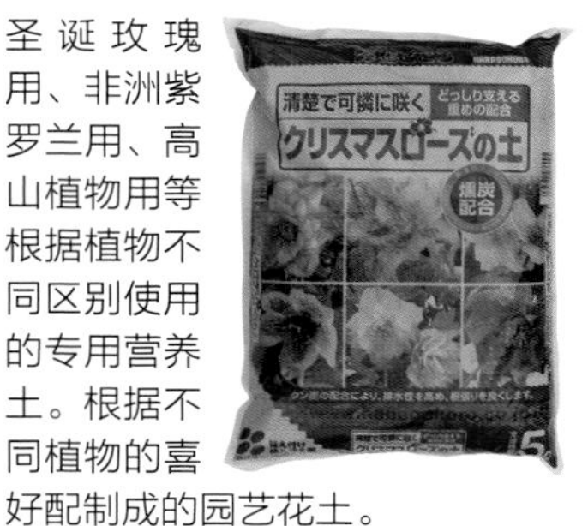

圣诞玫瑰用、非洲紫罗兰用、高山植物用等根据植物不同区别使用的专用营养土。根据不同植物的喜好配制成的园艺花土。

庭院树、花树、果树用土

此类树木多用大型花盆栽种，为防止出现烂根现象，配制成的园艺花土通气性较好。为支撑植物根部，一般会在花盆里加入大量的赤玉土，给底部增重。

花草、球根植物用营养土

为防止烂根和干燥，通常使用排水性、通气性以及保水性都好的花土配制。此营养土中有时还会加入缓效肥料（请参照P43）。

观叶植物用营养土

以无菌、环保、质量轻的苔藓泥炭为基底配制的花土。培育株高的植物时，需加入赤玉土给底部增重，如果使用吊篮种植，选择质量轻的蛭石最合适。

室内、阳台园艺用营养土

以赤玉土等为基底，加入无菌、环保、质量轻的蛭石、珍珠岩和苔藓泥炭等配制成的营养土。

仙人掌、多肉植物用营养土

通气性和排水性好的河沙为基底，加入轻石和炭化稻壳配制而成。在种植芦荟和金钱榕时，最好加入赤玉土增加重量，让粗壮的植物根部可以借力。

播种、插枝用营养土

此类营养土被处理成细小的颗粒状，排水性优。

有机营养土

由油渣和鱼粉混合配制成的营养土。

营养土的制作方法

■ 在“基本配方”上进行调整

现在，尝试利用基本用土和改良用土，为今后将要种植的花草特制营养土吧。

配制时要注意，尽量不要混入碎土。在给赤玉土和鹿沼土开封时，要先用手轻拍包装袋，让袋中的碎土落到底部。清除掉底部的碎土之后，再借助筛子除一遍碎土。配制花土时，为防止出现碎土，可以用手拌土，不使用铲子，也可只是放到袋中轻轻抖动。

“基本配方”指的是：赤玉土六成，腐叶土四成，适用于绝大部分的花草。另外，如果种植场所光照条件好，土壤易干燥，可以适当加入蛭石以提高土壤的保水性。如果种植场所通风条件差，土壤潮湿，不妨加些珍珠岩，提高土壤的通气性和排水性。

配制方法

配制大量时

1. 将基本用土和改良用土按照一定的分量装入一个稍大的塑料袋。先放入分量轻的土壤，会更加容易掺混。
2. 加入缓效肥料（以每升营养土三四克肥料为标准）当作基肥。
3. 让空气进入袋中使塑料袋膨胀，轻轻晃动塑料袋使土壤混合。

*按照“基本配方”多配制些营养土，保存好，等到想尽快开始园艺作业的时候，就可以很方便地取用了。

少量配制时

1. 向花盆碟等稍大的容器中加入一定分量的基本用土、改良用土和肥料。
2. 用手轻轻拌匀，以免弄碎土壤颗粒。

- 提高保水性 → 添加蛭石
- 提高通气性和排水性 → 添加珍珠岩
- 减轻花土重量 → 配制时以苔藓泥炭代替腐叶土

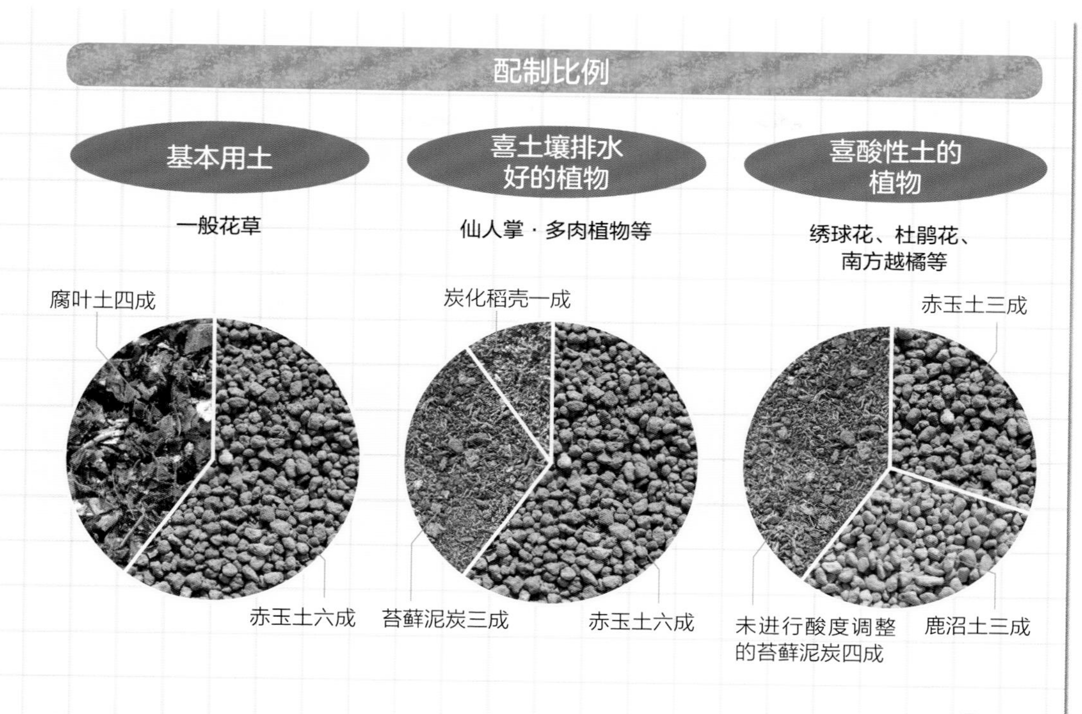

■ 播种要使用新配花土

播种时，使用市面上销售的播种用营养土既方便又省事。此外，可以使用除去碎土的小颗粒赤玉土，向其中混入等量的腐叶土（用筛子将解体的腐叶土进一步细筛）或者等量的蛭石，都是不错的选择。无论选择哪种营养土，保持土壤清洁都至关重要，因此必须使用新配制的花土。

■ 花土的保管

将未用完的营养土装入袋中并扎紧袋口，避免阳光直射和降雨潮湿。剩下的基本用土和改良用土也要装入塑料袋中，同样需要扎紧袋口密封保存。

园艺用肥料

某些营养要素对于植物的生长发育来说是必不可少的。如果不借助肥料给这些人工培育的花草补充营养成分，它们就无法健康茁壮生长。请提前做好准备，以便在必要的时候能够及时给花草施肥。

肥料补充土壤营养

植物正常生长发育所必须的营养要素被称为“植物必需元素”，共有17种。其中3种（碳、氧、氢）由大气和土壤提供。其他14种则来自自然界中的落叶、动物粪便和动物的尸体，这些物质被土壤中的微生物分解，还源于土壤最终被植物的根部作为营养成分吸收。

但是，在庭院和花盆中很难形成这样的循环，而且土壤的量也较为有限，植物无法为获取营养广而深地扎根。此外，经过改良的园艺用花草会接连不断地开出硕大的花朵，结出较大的果实，更加需要大量的营养供给。

综上所述，为补充不足的营养，有必要进行人工施肥。

在营养要素中，氮（N）、磷（P）、钾（K）这三种要素对于植物生长尤其关重要，被称为“肥料三要素”。此外，充足的钙元素和镁元素是促进花草健康生长的秘诀。

肥料的三要素

氮（N）
植物茎叶生长发育不可缺少的要素，又被称为“叶肥”。缺乏氮元素时，植物叶子的颜色会变淡，生长状况也会变差。

磷（P）
促进植物开花结实的营养要素，又被称为“花肥”“实肥”。缺乏磷元素时，植物开花少结实也少，叶片也会萎缩。

钾（K）
促进植物根茎生长的营养要素，又被称为“根肥”。缺乏钾元素时，植物根部的生长状况变差，抵御环境变化和病虫害的能力减弱。

镁（Mg）
促进磷肥吸收和光合作用。

钙（Ca）
促进根部发育，改善土壤酸度。

▶肥料的分类

在家庭杂货店的肥料专卖区里，陈列着各种各样的肥料。按照原料来分类，可大致分为“有机质肥料”和“无机质肥料”两大类。此外，按照肥料的见效方式可分为“缓效肥料”、“迟效肥料”、“速效肥料”三大类。

有机质肥料以动植物性的有机物为原料，无机质肥料以自然界中存在的无机物为原料。

缓效肥料在施用后会缓慢释放营养元素，肥效可持续两三个月，甚至更久。有机质肥料属于缓效肥料。因为肥效缓慢且持久，缓效肥料会被用作在播种和种植秧苗之前施用的“基肥”和种植过程补充的“追肥”（详见P92）。迟效肥料从施用到见效需要一定时间，肥效持久，因此主要当作基肥使用。

速效肥料的特征在于，施用后会立即被根部吸收见效，但是肥效不持久。因为见效快，所以在追肥之外，还会被当作“礼肥”使用，在多年生草本植物和球根植物开花结实之后，为其补充消耗掉的养分。在无机质肥料中，有缓效肥料、迟效肥料和速效肥料这三种类型。

一般在肥料的包装上都会标有该肥料的用途，例如“花草用”“花木、庭树用”“盆栽用”。所以在购买时，请确认好肥料的种类和类型。

什么时候该用什么肥料

基肥

在播种和植秧前，为促进植物初期生长使用的肥料。

➡主要为有机质肥料和缓效无机质肥料

追肥

之前所施肥料的肥效耗尽时，追加施用的肥料。

➡主要为速效无机质肥料、缓效无机质肥料和有机质肥料

置肥

放在花盆土壤上方的固体肥料，在植物生长发育期间，通过浇水或者雨水让肥料溶解在土壤中。

➡有机质肥料和缓效无机质肥料

礼肥

开花和结实后，为保养植株和球根而施用的肥料。

➡主要为速效无机质肥料

寒肥

为了让植物在春天复苏生长，在其停止生长发育的冬天施用的肥料。

➡主要为有机质肥料

出芽肥

初春，植物开始出芽，需要吸收养分，此时施用出芽肥。

➡主要为速效无机质肥料

有机质肥料

▶ 见效慢但肥效持久

有机质肥料指的是以动物性和植物性的有机物为原料的天然肥料。如油渣、骨粉、鱼粉、鸡粪和米糠等。有机质肥料中有的是单一原料，有的是多种原料混合配制，还有的是为促进肥料尽早生效经过发酵处理的肥料。

有机质肥料中除了肥料三要素之外，还含有很多有助于植物生长的营养成分，但这些成分来源于自然界中的固有物，因此含量较少。此外，有机质肥料的特点是只有在被土壤中的微生物分解之后才能被植物根部吸收，因此见效缓慢，但是肥效绵长持久。

有机质肥料的优点在于，即便肥料施用过量，或者碰到植物根部，也大可不必担心伤害到根。而且它还能使土壤微生物和土壤生物更加活跃，从而改善土壤环境。不过要注意的是，有些肥料会带来强烈的臭味和虫类繁殖。最近市面上出现了一种无臭的肥料，值得一试。

肥料的性状和使用方法

肥料的性状很多，有掺混入土壤中使用的颗粒状和粉末状，有放置在植株周围的固体和长条状，还有溶解于水中使用的液体肥料。根据种类和见效方式不同，肥料的性状也各不相同，因此一定要好好确认。

液体肥料（速效性）
将此类液体肥料或者粉末状肥料溶解于水中，作为追肥施用。

颗粒状或粉末状（缓效性）
作为基肥使用时，或掺混入泥土之中，或埋于坑穴底部。作为追肥使用时，则散置于植株周围。

块状（迟效性）或长条状
放置于地面的置肥，不混入泥土，而是通过浇水或者降雨慢慢溶解，为植株供给养分。

主要的有机质肥料

复合有机肥料（100% 有机）

将几种有机质肥料和有机物按照一定比例搭配制成的肥料。除花草之外，有些还能用于种植蔬菜。复合肥能促进植物开花和结实。不同的产品所含三要素的成分比例和形状都是不同的，但大多都能作为基肥和追肥施用。如果希望肥料可以早日见效，推荐使用发酵过的复合肥。

油渣

以菜籽等植物的种子榨取油分后剩下的残渣为原料，氮元素的含量较高。油渣能增加土壤中的微生物，有助于土壤的改良。作为基肥和追肥使用。油渣在分解过程中会产生碳酸，易引起烧肥。

鱼粉（鱼渣）

从鱼中榨取鱼油后，用干燥的鱼渣做成的粉状物，多含氮和磷酸。易分解、见效快的有机质肥料，不仅作基肥施用，还可作培育期较长的花草的追肥施用。

骨粉

将猪骨和鸡骨等用高温加工干燥而成的粉末。多含磷酸，故能促进花的生长发育。在有机质肥料中见效尤其漫长，因此作为基肥施用。

草木灰

草木经燃烧后形成的灰，产品中多含钾。见效快的有机质肥料，不仅可作基肥、还可作追肥施用。作基肥施用时，和钾含量较少的油渣和鱼粉搭配使用效果更佳。

无机质肥料

▶ 见效迅速

所谓无机质肥料，指的是以石油等矿物资源和空气中的氮气等自然界中的无机物为主要原料，经过化学处理而成的肥料。也称“化学肥料”。

无机质肥料和有机质肥料最大的不同在于，前者不需要土壤微生物的分解，只要溶解于水中，植物的根就能将其吸收。但因为并没有向土壤中补给有机物，所以没有改良土壤的效果。

无机质肥料中包括溶解于水后见效迅速的速效肥料，也包括经涂覆处理难以溶解肥效持久的缓效肥料和迟效肥料。

无机质肥料中包括只含有氮、磷、钾三要素中一种要素的“单一肥料（单肥）”，也包括将两种以上成分按照一定比例混合而成的“复合肥料”。切记，使用单肥时，要用其他肥料补充三要素中缺少的要素。

此外还要注意，化学合成的肥料，虽然营养要素成分含量高且无臭易处理，但是另一方面，如果过量施用或肥料堆到植物根部，会导致植物叶子枯萎，严重时甚至会出现整株枯萎或烧根的现象。

“速效性 + 缓效性”的肥料

有些肥料由无机质肥料和有机质肥料混合而成，其特征是见效迅速且肥效持久。成分比因产品而异，但大多是以“三要素”为主，同时按一定比例加入其他要素，所以无须补充其他肥料。此外，因混有有机质肥料，可以增加土壤微生物，有助于土壤团粒化。此类肥料多用作基肥，有些也可同时作追肥施用。购买前请确认包装内容，因为有些产品是针对不同的植物种类进行配制的。

包装标示的阅读方法

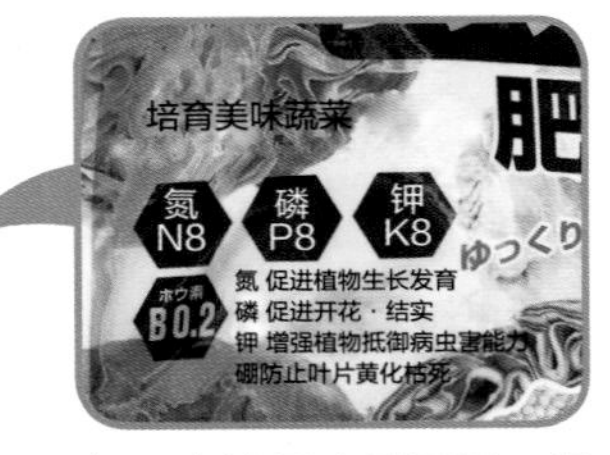

标示方法因产品而异，但是阅读方法一致

包装袋上并排的三个数字分别表示的是在100g肥料中含有氮、磷、钾的克数。例如“8-8-8”表示（按从左往右的顺序）每100g肥料中氮磷钾各含有8g（成分量为各8%）。

此外，包装袋背面的“生产者保证书”中表明了品质保证和产品责任，这一项非常重要，因此在购买前一定要仔细确认。根据肥料种类不同，有时为“销售者保证书”、“进口者保证书”，表示内容也有不同。

主要的无机质肥料

复合肥料

颗粒的形状和大小比较均一，因此施肥较便利。三要素的含量总计在15%~30%的为“低度复合（普通复合）”、30%以上的为“高度复合”。普通复合肥料施用便利，成分量一般为“8-8-8”。可用作基肥和追肥。和高度复合肥相比，普通复合肥料的肥料成分较少，施用过量也不会出现严重的问题，故而适合初学者使用。

硫酸铵

只含氮的单一肥料。见效快，适合作追肥用。易导致土壤酸性化，所以在施用前7~10天调整土壤酸度，必要的时候使用石灰。

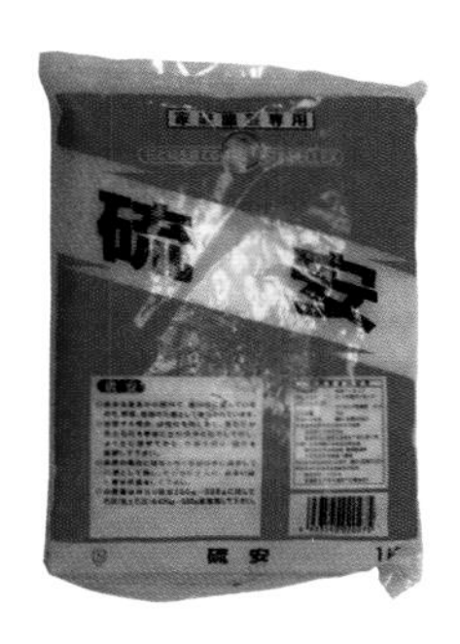

尿素

只含氮的单一肥料。见效快，适合作追肥用。氮含量高于硫酸铵，过量施用对植物生长有害。可溶解于水后作液体肥料使用。

过磷酸钙

只含磷的单一肥料。见效快，但会和土壤中的铁元素产生反应，难以进入地下，故而适合作基肥用。虽含有石灰，但对于改良酸性土壤没有效果。

熔融磷肥

只含磷的单一肥料。见效慢，可缓慢溶于水中，适合作基肥用。碱性，因此和镁质生石灰一样可用于改良酸性土壤。

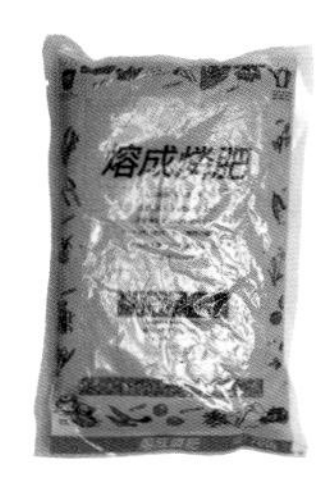

硫酸钾

只含钾的单一肥料。可溶解于水，见效快。适合作追肥用，但因其能长时间留存于土壤中故也能作基肥用。也可溶解于水后作液体肥料使用。

液体肥料

液态复合肥料，含有植物生长发育必不可少的营养元素。有些需加水稀释后使用，有些则可直接使用，有些呈粉末状，需事先溶解于水中，也有些为液态有机肥料。

液肥的稀释方法

加水稀释时，可用附带的量杯测量。例如，配制1000倍的液肥时，需量出1毫升（粉末的话则为1克）的原液，加入1升的水中。配制250倍的液肥时，则需往1升的水中加入4毫升（粉末的话则为4克）的原液。搅拌均匀后转移到喷壶中再施肥。请遵守“当日制作当日使用”的原则。

花坛和盆栽用材料

选择什么样的花坛、什么样的花盆，考虑好了吗？花草毫无疑问是主角，衬托主角风采的物件也同样值得介绍。在装饰庭院时，使用同一系列的质感和色彩，是营造整体感的诀窍所在。

花坛边饰

现在我们来挑选花坛边饰用的材料吧。不同的材料会让庭院的印象大有不同。

边饰不仅是庭院的装饰，其最大的目的在于，放置在浇水或者下雨时，花坛里的泥土可以沿着通道流出。在挑选时，记住要选择结实耐用的材料。安装时须不留缝隙，必要的情况下用水泥填埋。

除了砖瓦石块，还可以将紫花风信子、细香葱、瓜叶菊、玉簪花等较低的多年生草本植物密密种植在花坛边。首先要画出设计图，在脑海里构思也是充满乐趣的事情。

用株高较低的多年生草本植物饰边的花坛

排水差的庭院推荐使用架高花坛

架高花坛指的是，将饰边的砖石等砌高，当中加入营养土然后种植花草用的花坛。这样的花坛不仅排水好，而且能赋予平淡的庭院以别样的生趣，还可免去园丁弯腰工作的辛苦，可谓一举多得。

边饰的材料

砖块

将黏土和泥放入模具中烧制而成。呈长方体状，或排列或堆砌都比较容易。无论新砖还是老砖，每一块都有属于自己的独特魅力。

混凝土侧石

花坛用混凝土侧石色彩丰富，可自由搭配组合出圆形或方形的边饰。除了砖块风格，也有仿木石纹理风格。

枕木

半旧的枕木。自然的质感营造出复古怀旧的氛围，然而易受雨水的侵蚀。也有仿枕木外观的水泥制品。

花园栅栏、连桩

从天然木材到塑料，材质丰富多样。连桩内部有金属线连接，可自由摆出灵动的曲线。

花盆的选用

▶ 花盆按照深度可分为三类

无论是黏土烧制还是塑料制品，用来种植花草等植物的容器都统称为“花盆”。花盆的材质各种各样，材质不同，土壤的湿度也不同。所以要根据所种花草的特性和放置场所挑选。

花盆的形状和大小不一，按其深度可大致分为三种类型。

“标准花盆（普通花盆）”，口径（直径）与其深度大致相同。标准花盆可用于种植绝大部分的植物，因此推荐初学者使用。“浅口花盆（平底花盆）”，其深度大约为口径的一半，适合根扎得浅且向四面伸展的植物，此外还适合用来播种、插条、培育小植株。“长高花盆（深盆、长盆、高腰盆、悬崖盆）”，比起口径深度更加突出。适合扎根深的植物和百合这样的大型球根植物。

挑选时不仅要考虑花盆的形状和大小，也要了解材质的特点，这样才能选出最适合所种花草的花盆。关于花盆的尺寸，详见P66。

花盆的三种类型深度

长高花盆

标准花盆

浅口花盆

素烧黏土花盆、赤陶花盆

由黏土烧制而成。有的赤陶花盆上烧有装饰图案。通气性和排水性优，但是土壤易干燥，故须多次浇水。大型陶花盆底重不易倒，但移动起来比较困难。

塑料花盆

结实且轻便。保水性好，但排水性通气性差。须控制浇水，为防止闷潮，须放置在通风好的地方。

其他各种材质的花盆

上釉花盆

在素烧花盆上涂釉烧制而成。通气性差，因此不宜种植花草。通常搭配西洋兰和观叶植物作为室内装饰使用。

纸浆花盆

由废纸凝固处理而成，又被称为循环花盆、环保花盆。排水通气性好。质量轻，易利用。丢弃时，将其埋在土中，可随时间推移即可分解，重归泥土。

木制花盆

利用木材做成的花盆。通气性和排水性好，还具有隔热性。易受腐蚀，故不适合长期种植使用。使用之前先确认好所用木制花盆有没有排水口。

沙制花盆

由沙子烧制凝固而成，排水性优。耐用，脚撑张开。适合种植野草等富于野趣的花草。

用花盆培育花草的必需品

钵底石

铺于花盆底部，改善土壤排水条件，有助于防止出现烂根。可用大颗的轻石和赤玉土。

钵底网

铺于花盆底部的洞穴上方，防止花土撒漏。可将控水网和洋葱网袋剪下作钵底网使用。

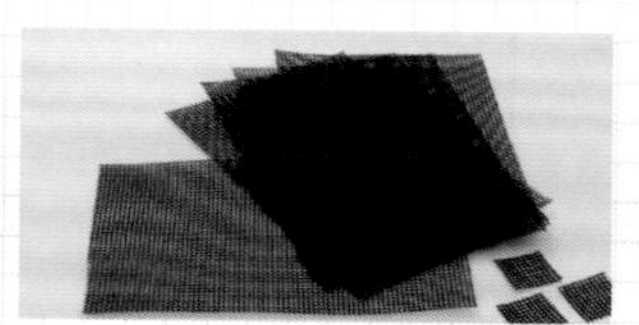

花盆碟

承接从钵底流出的水和泥土，以免弄脏屋内和阳台。也可作配制花土时的容器使用。

专栏

事半功倍的园艺小道具

除了花剪和移植铲之外，还有很多园艺专用小道具。
没有准备也无伤大雅，但如果有，就能让园艺效率更高。
以下仅供参考。

● 园艺靴

因为不像长靴那样鞋筒很深，故而穿脱都十分方便。长时间穿着工作也不会觉得热。

● 园艺围裙

当园艺工作要和水打交道时，这种涂覆有塑料防水层的围裙最为合适。有的园艺围裙上有很多口袋，可用来装笔记本、园艺剪和小铲子等小物件。

● 保水装置

适用于易干燥的季节和外出时的浇水工具。将装置插到花盆里植株的根旁，水会在重力的作用下从出水口慢慢渗入到土壤中。

● 附带刮铲的熊爪耙

往花盆里移种植株时十分方便。刮铲部分可用来匀土和往狭小的缝隙里压土。“熊爪”部分可用于除去附着于跟块上的土壤和切断较为细小的杂根。

● 园艺薄膜

户外作业自不必说，在室内进行水、土作业时也少不了园艺薄膜。薄膜已经做过防水处理，弄脏后可用水洗净。

● 园艺用手套

带上它就不用担心弄脏双手。跟土打交道的时候可以用棉制手套，跟水打交道则用橡胶手套，牵引蔓蔷薇时需要皮革手套，制作混栽时则用薄薄一层的胶手套。多准备几种手套，做到有备无患，才能让园艺作业顺利进行。

● 防晒帽

户外作业时需要。防晒帽种类多样，草帽通风透气，经UV处理的帽子可防紫外线，还有的帽子可以保护脖子免受太阳炙烤。

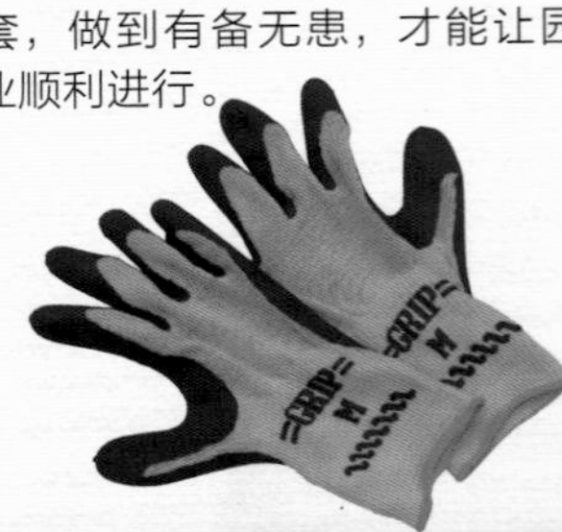

改良园艺土壤

土壤之于植物，就如同生活场所之于人类。

植物在土壤中伸展根部，吸收水分和养分，促使茎叶生长。

改良土壤是为了给植物提供适合生长的环境。

园艺需要改良出通气性、排水性、保水性和保肥性优，且没有病虫害的健康土壤。

“好土”和“坏土”

好土能够保持适量的空气、水分和养分，土壤中有畅通无阻的空隙，营养丰富且病原菌和害虫少，土壤酸度（pH值）也为适合植物生长的弱酸性。

优质土壤结构

在健康的土壤中，植物的根部会一边呼吸一边不断在地下延伸，为的是寻求水分。但如果是在空气不足且经年潮湿的不健康土壤中，根部就会缺氧腐烂，还会停止生长。土壤的通气性和排水性对于植物生长非常重要。

通气性和排水性的好坏，决定了土壤中是否有适度的空隙。空隙可以让旧的空气和水分流出，同时也可以让新鲜的空气进来，这种有空隙的土壤被称为“团粒结构土壤”。在团粒结构土壤中，细小的土粒会松散地结成团子状，而在“团子”的内部、团子与团子之间会有无数的小空隙。适量的水分和肥料会从团子内部的空隙渗进去，所以保水能力和保肥能力都很好。

与此相对，坏土被称为“单粒结构土壤”。单粒结构土壤的特征在于，细小的土粒紧紧地结在一起、中间很难有空隙。不仅空气流通和排水条件差，连基本的水分和养分需要都无法维持。

在这种单粒结构土壤中，加入能促进土壤团块化的腐叶土和堆肥等有机物，可将其改良为团粒结构土壤。

好土和坏土的区别

团粒结构土壤

昆虫、蚯蚓和微生物的粪便和黏液、被分解的有机物等使得土壤颗粒结合在一起，形成团子状。因为团子和团子之间存在空隙，所以多余的水分会自动流出。

团子内部也有很多空隙，水分容易渗入。

单粒结构土壤

土壤的细小颗粒紧紧地结在一起。由于没有空隙，故空气难以进入，水分易淤积。因没有空隙保持水分，所以容易干燥缺水。

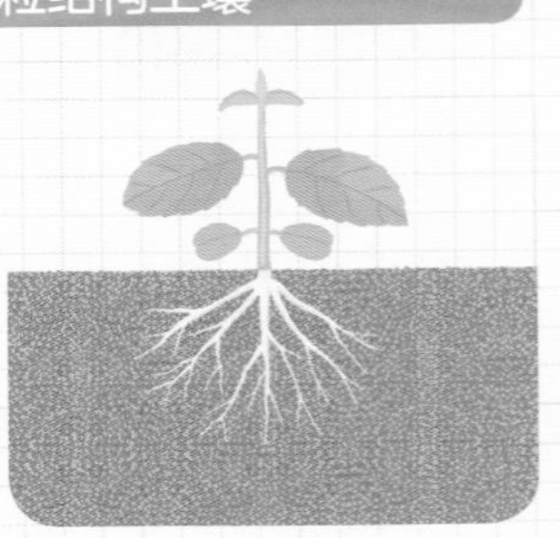

弱酸性土壤更佳

在种植花草之前，提前在花坛选址处测量出土壤酸度非常重要。所谓土壤酸度，指的是培育花草所用土壤自身的酸碱度，也称pH值。大部分植物在弱酸性（pH值5.5~6.5）土壤中能够很好地生长。酸性过强，植物的根部会受到损伤，变得难以吸收水分和养分。雨水会带走土壤中的碱，所以日本的土壤大多偏酸性，可在其中加入镁石灰等材料调整土壤酸度。

观察土质的方法

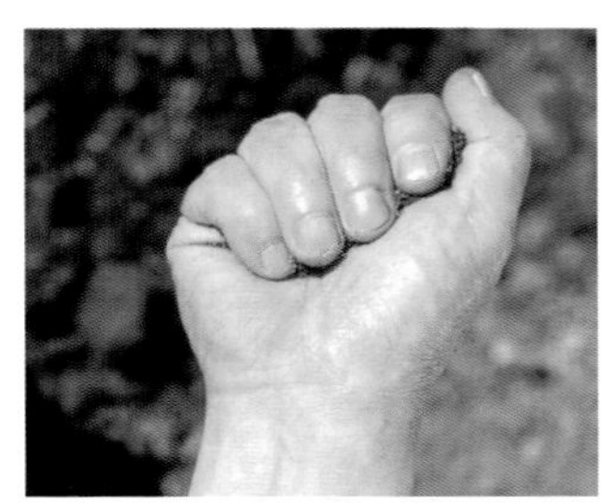

在地面上随意挖一些湿度适中的土，放在手掌中，然后用力握住。

○ 土壤成块状则为土壤保水性好。

× 若土壤不成块状则土壤保水性差，需要进行改良。

○ 用手指轻压土块，若土块散开，则为团粒结构土壤。

× 若土块依旧凝结，则为单粒结构土壤，需要进行改良。

测定土壤酸度的方法

土壤酸度测定器

测量时，将测定器的前端插入土壤中。pH值为7是中性，7以上是碱性。7以下则为酸性。一般来说pH值在5.5~6.5之间的土壤比较适宜植物生长。

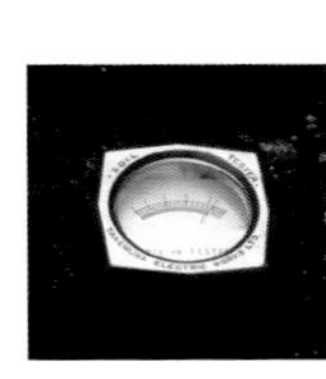

pH 值检定工具

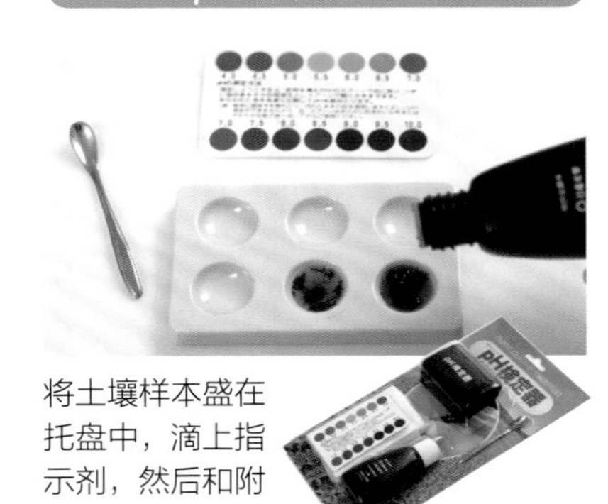

将土壤样本盛在托盘中，滴上指示剂，然后和附带的颜色表进行比对，判断pH值的大小。

土壤改良方法

一般来说，偏酸性的土壤和单粒结构土壤不适于种植花草。但是，不需要过早放弃，先掌握好土壤改良法，就可以进入到下一个阶段：花坛演绎和花盆种植。

庭院土壤的改良方法

▶ 制作适合所种植物生长的土壤

庭院土壤的状态会因种植场所和地域而有所不同。所种植物不同，对土壤状态的要求也不一样，例如，略微潮湿的土壤、容易干燥的土壤，还有酸性土壤。首先要调查自家庭院的土壤状态，然后再根据所种花草的需要进行改良。

如果土壤偏酸性，则需要在种植花草的两周之前向土壤中撒些镁石灰，然后细细翻耕，使之充分融入土壤。如果撒下石灰之后没有及时细细翻耕，含有水分的石灰会凝固，难以与土壤融合。

▶ 关键在于混入空气

如想改造成团粒结构土壤，需要在撒下镁石灰的一周之后，继续加入腐叶土和堆肥等有机物，并再次细细翻耕，使土壤松软。

酸性土壤的改良法

根据 P55 中的“测定土壤酸度的方法”确定庭院土壤的酸度，如有需要，则在土壤中加入镁石灰进行改良。

做法

在植株种植的两周前，在花坛里每1平方米土壤中撒下200克石灰，再细细翻耕。

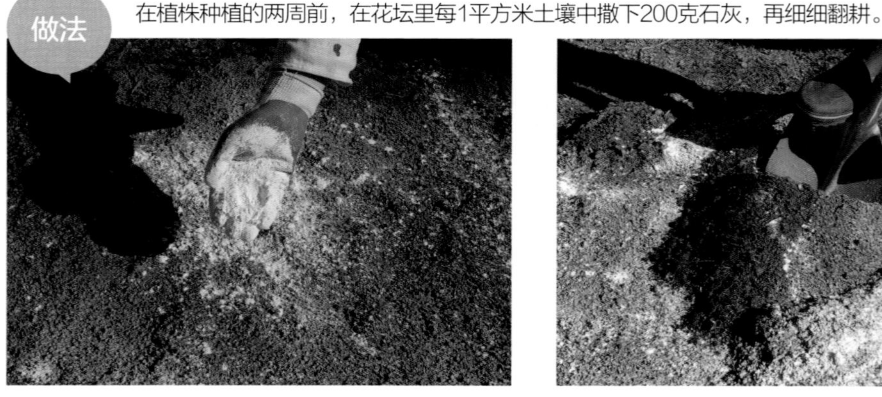

镁石灰中不仅含钙，还含有镁，因此可作肥料使用。但需要注意的是，一旦施用过量，土壤会倾向于碱性，变得难以调整和处理。

窍门在于在土壤表面薄薄地均匀地撒上一层。石灰吸收水分后会硬结，因此撒下之后要及时将其与土壤混合。为防止雨水淤积，翻耕时须将土壤匀平。

如果同时加入镁石灰和有机物的话，有机物中的氮元素成分会与石灰发生化学反应生成氨气，导致营养成分流失。因此，待一周左右之后，石灰与土壤融合，再进行下一步作业。

腐叶土和堆肥等有机物可以催化土壤中有用的微生物的活动，从而促进土壤的团粒化。关键在于要精细翻耕，使得空气能够进入到30～40cm深的地下。

有些土壤也许暂时不需要改良，但随着植物生长的继续，浇水和下雨会破坏土壤的团粒结构，使之硬结。这时候为使土壤保持良好的条件状态，可进行一年一次的翻土（详情请参照P65）等作业。

不同性质的土壤改良法

根据 P55 中的“观察土质的方法”，判断土壤的板结或松软程度。如需改良，请参考以下内容。

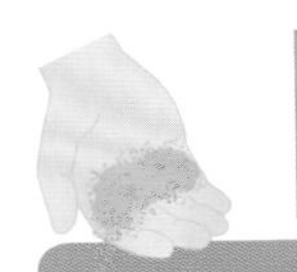

用手紧握，
土壤也不成块

沙质土壤

特征

通气性和排水性好，但是保水性差，故易干燥。

用手握住也不成块的沙质土

每$1m^2$土壤中，加入4公斤腐叶土和堆肥等有机物、2公斤赤土和黑土、适量的蛭石，再细细翻耕。

用手紧握，土壤凝结成块
用手指按压也不散开

黏土质土壤

特征

通气性和排水性差。降雨时泥泞，干燥时板结坚硬。

黏在铲子上的黏土质土壤

每1平方米花坛土壤中，加入2公斤腐叶土和堆肥等有机物、5升左右的珍珠岩和沙子。

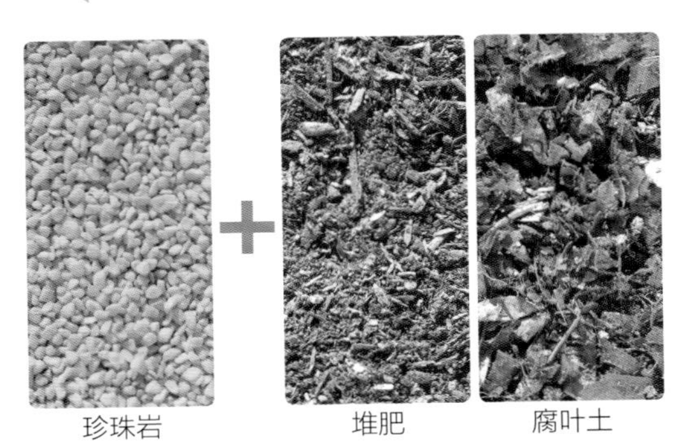

修建花坛

▶ 花坛选址需慎重

花坛建造的准备工作要从种植前两周左右开始。朝南或者朝东的场所最为适宜。每天的日照时间在5小时以上且通风条件好的地方最佳。不同于花盆栽培，花坛不可移位，故选址要十分慎重。

正如P56中介绍的土壤改良法所示，根据实际需要进行包括土壤酸度调整等在内的改良作业，制作出排水性、通气性、保水性、保肥性俱佳的花土。

如果庭院背阴潮湿，可以像在田地里种蔬菜一样，在地面堆土隆起高约20厘米的花床，然后在上面栽培花草。这种做法可改善排水和通风条件。将饰边的砖石砌高，做成架高花坛（详见P48）也不失为好办法。

花坛的建造方法

关键在于在种植两周前撒下调整酸度的镁石灰，一周之后加入堆肥和腐叶土等有机物。

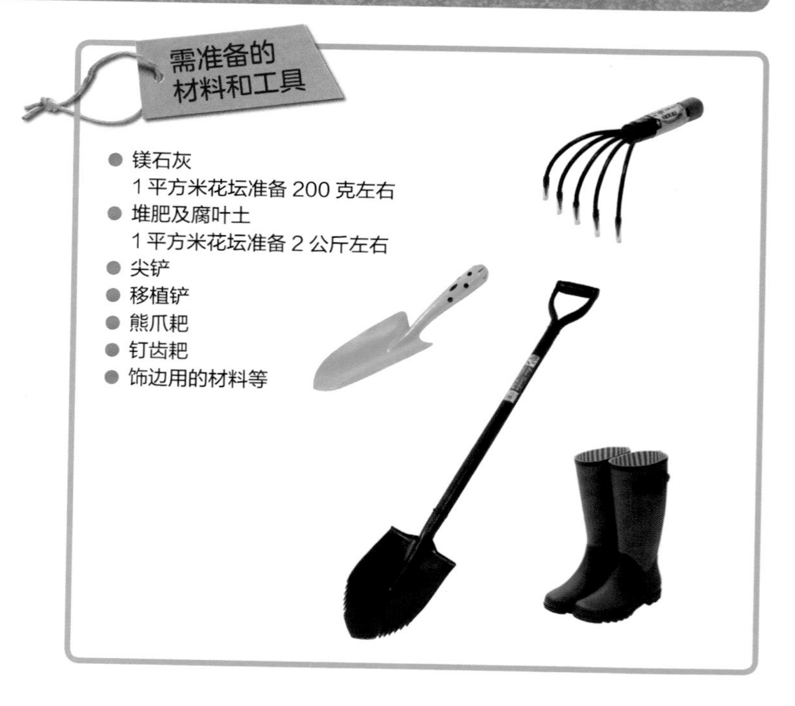

需准备的材料和工具

- 镁石灰
  1 平方米花坛准备 200 克左右
- 堆肥及腐叶土
  1 平方米花坛准备 2 公斤左右
- 尖铲
- 移植铲
- 熊爪耙
- 钉齿耙
- 饰边用的材料等

1 清除杂物

借助熊爪耙和钉齿耙仔细清除杂草、垃圾、石子等杂物。

2 翻耕土壤

三四十厘米深的地下也要仔细翻耕。为使新鲜空气进入，窍门在于用铲子一点点松土。

3 撒镁石灰

在土表薄薄地撒满镁石灰后，立刻翻耕土壤直至地下三四十厘米处。

4 加入堆肥及腐叶土

第三步完成一周后，播撒堆肥及腐叶土，用铲子翻耕土壤直至地下三四十厘米处。土块和堆肥块都要细细敲碎。

5 花坛饰边

用钉齿耙将土表匀平，为防止土壤流失，用砖块等给花坛饰边。

6 放置约一周，使之充分融合

就这样放置一周左右，让加入的有机物与土壤充分融合。

土壤中混入腐叶土和堆肥之后就不必再施肥了吗？

完全成熟的腐叶土和堆肥虽然看上去营养十足，但实际上几乎不含植物生长所必须的营养成分。

腐叶土和堆肥充其量只是用来改良土壤的材料。将其混入土壤中，可促进土壤团块结构的形成，提升通气性、排水性、保水性和保肥性。以有机物为食的土壤微生物和蚯蚓等土壤生物活动频繁，会让土壤变得更加松软，生物的数量和种类也会明显增加。虽然会产生氮磷钾等养分，但是仅仅这些并不足以支撑植物的生长发育。为培育出健康美丽的花朵，基肥也好追肥也好，一定要在必要的时候施加植物所需的肥料。

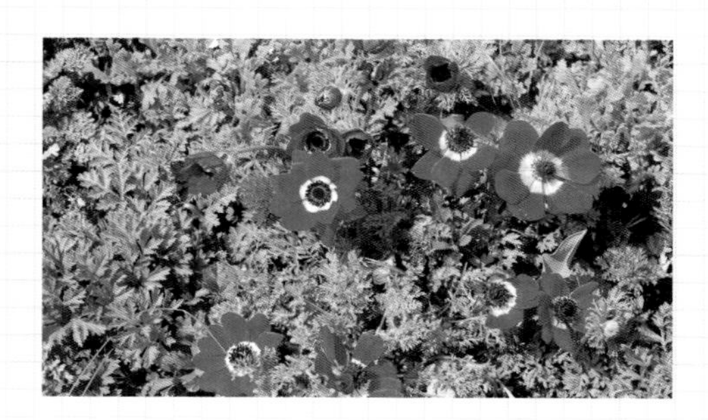

盆栽营养土的配制方法

▶ 清除细土，配制通气性和排水性优的营养土

花盆用营养土如果用得少，自然是直接购买比较方便。但是，如果掌握了窍门，知道如何按一定比例配制基本用土和改良用土，制作独家营养土也不难，所以大家不妨挑战一下。

配制花土时需注意清除赤玉土和鹿沼土中大量存在的细土（详见P40）。特别是在花盆中，每天浇水会使得土壤的团粒结构变得脆弱。容器中环境易湿热，通气性和排水性尤为重要。

盆栽用土的配制

普通花草用（室外栽培）

腐叶土 4

赤玉土 6

大部分花草按这种基本比例栽培。

普通花草用（室内栽培）

赤玉土 6

苔藓泥炭（酸度已调整）4

比例符合基本配置，不过将腐叶土换成了无菌环保的苔藓泥炭。

混栽用

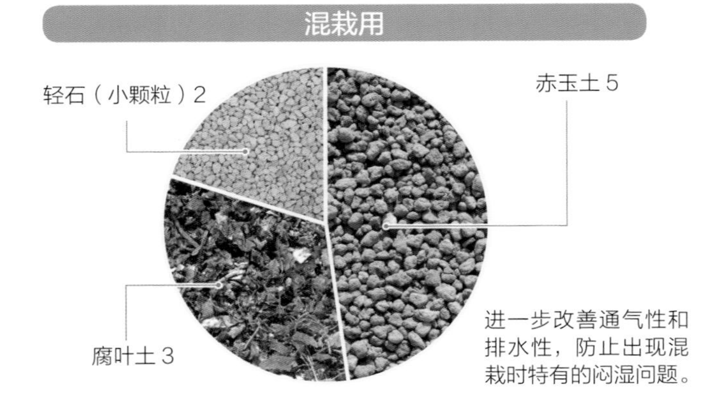

进一步改善通气性和排水性，防止出现混栽时特有的闷湿问题。

喜酸性的植物

珍珠岩 1

赤玉土 1

借助酸性的鹿沼土和未调整酸度的苔藓泥炭，使土壤偏向酸性。

鹿沼土 1

蛭石 1

未调整酸度的苔藓泥炭 1

花树用

*根据所种植物和摆放位置，调整配置比例（详见P40）。

为使植株得到可靠有效的支撑，加大赤玉土的用量，增加营养土的重量。

所需花土的测量方法

所需花土量少时，可借助一只稍大的平底盘来调配比例。

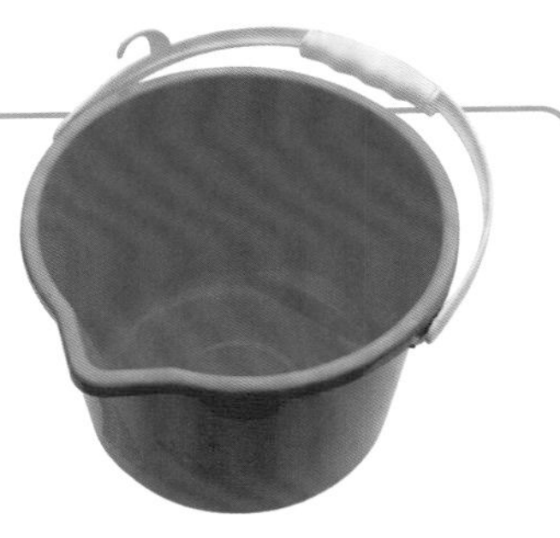

量多的情况下，用一只水桶，按照“赤玉土6杯、腐叶土4杯”的比例配制。

最开始就加入基肥与土壤融合

配制花土时，一并混入基肥也更为省事。按照每升花土配三四克肥料的标准投入缓效肥料。关键在于种植前一周配制，让肥料充分混合融入土壤中。

窍门在于轻轻地搅拌混合，以防出现细尘

有些市面上销售的营养土中不含肥料，购买时需确认包装袋上的提示。如果确实没有，一定要记得自己加上。

花盆栽种的步骤

▶ 花盆和花土都用根据时间地点环境来选

没有宽敞的庭院和阳台，也能享受园艺的乐趣。这便是花盆栽培的魅力所在。不同于庭院种植，花盆可以随着季节和天气变化移动位置。如花盆需频繁移位，选择轻质花盆可在日后减轻负担。不知道选择多大的花盆时，按照植株的高度=（花盆的直径+高度）×（1.5~2）的标准，就可以把握比例的平衡。

按照基本比例（赤玉土6、腐叶土4）配制的花土适用于绝大部分植物，但是室内种植时，会用无菌环保的苔藓泥炭代替腐叶土，所以最重要的是根据所种植物来调整（盆栽方法详见P80）。

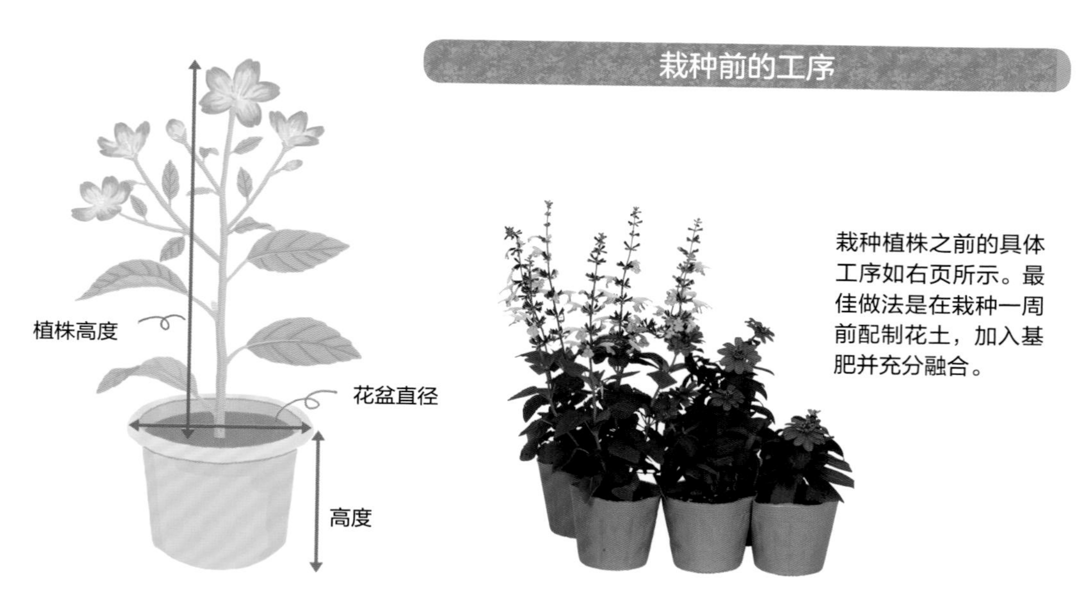

栽种前的工序

栽种植株之前的具体工序如右页所示。最佳做法是在栽种一周前配制花土，加入基肥并充分融合。

需准备的材料和工具

- 营养土
- 缓效化合肥料（如已配制则不需要）
- 钵底网
- 钵底石
- 移植铲
- 培土（压土）铲
- 花盆
- 花盆碟等

新几内亚凤仙花

1　挑选花盆

挑选花盆，确认土壤容量（关于容器的大小和容量详见P66）。

2　在营养土中加入基肥

如果配制的花土和购买的营养土中没有加入基肥，按照每升三四克的比例加入缓效肥料，充分搅拌。

3　铺上钵底网

如果花盆底部有洞，则需要铺上钵底网。

4　加入钵底石

加入适量钵底石，直至覆盖花盆底。

5　确保贮水空间

将植株放入花盆，加入营养土时，留出花盆边缘向下一二厘米处的空间。贮水空间又称水区。浇水时，能够让水暂时留存的空间，可防止花土流失。

为何在要花盆底部放钵底石？

钵底石的作用是改善土壤排水条件。土壤容量小的容器（5号钵以下）不一定要放钵底石。钵底石放入过多，可加入土壤的量会相应减少，植物伸展根部的空间也会减小。

如果将钵底石放入网兜之后再使用，二次利时就可以很轻松地将钵底石和花土分开。此外，用泡沫板代替，也可以实现减轻大型花盆的重量。

旧土再生法

▶ 团粒结构被破坏的旧土　适当处理后也可再次利用

种植过花草的土壤如果直接再次利用，植物往往难以顺利生长。因为已经使用过一次的旧土，团粒结构会被降雨和浇水破坏，细土增加，排水性和通气性变差了。种植过因病枯萎的花草的旧土无法再次利用，但是一般的旧土适当处理之后，可以作为花盆用土再次利用。关键在于清除混在土壤中的杂根和枯叶，然后进行充分的日照消毒。一定要试一试。此外，还可以直接在旧土中加入市面上销售的循环材料，但是使用时要提前确认材料的成分。

再次利用处理过后的旧土时，记得要根据所种花草加入镁石灰和基肥。另外，对于不喜连种的香豌豆和矮牵牛等植物，不要使用旧土，推荐使用新土栽培。

旧土的再利用

1 将晾干的旧土倒进粗网眼的筛子中，筛除残留的旧根和钵底石。

2 将在步骤1中筛下来的旧土倒在报纸上，然后铺开，晾晒在阳光下。夏天晒一周，冬天则晒两周左右。

3 将步骤2中晒过的干土倒进细网眼的筛子中，筛除细土。

4 向步骤3筛过的土中加入占总体三到五成的基本配比营养土（赤玉土6、腐叶土4），然后加入基肥。

翻土

▶ 上层土和下层土互换，再建土壤团粒

如果在花坛里持续种植花草，土壤的团粒结构会被渐渐破坏，排水性和通气性变差。植物也会变得容易生病，无法培育出令人满意的花草。

在这个时候就需要进行一年一次的翻土作业，就是将接近地表的土壤（上层土）和地下的土壤（下层土）互换位置，一般在冬天最寒冷的时期进行。因为上下层土壤的位置互换，以前在上层进行的有机物分解活动在地下也得到促进。此外，之前处于下层的土壤被放到上层位置，一些喜空气的微生物活动更加频繁，能够生产出新的团粒结构的土壤。此外，冬天的寒风还能起到杀死病原菌和害虫的作用。

翻土是一项重体力活，但是在意识到“土壤已经筋疲力尽”时，一定要进行这项作业。

翻土的具体方法

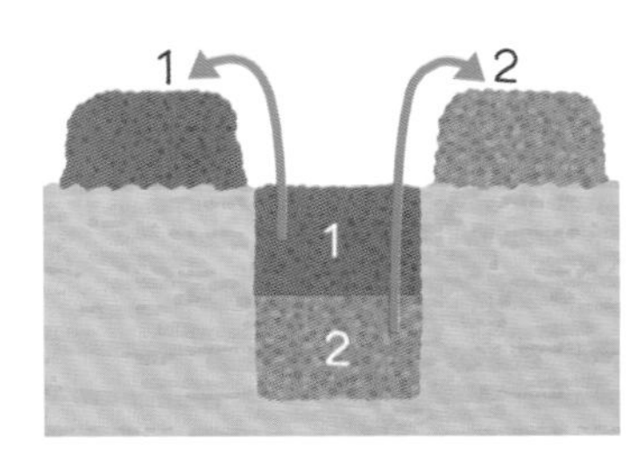

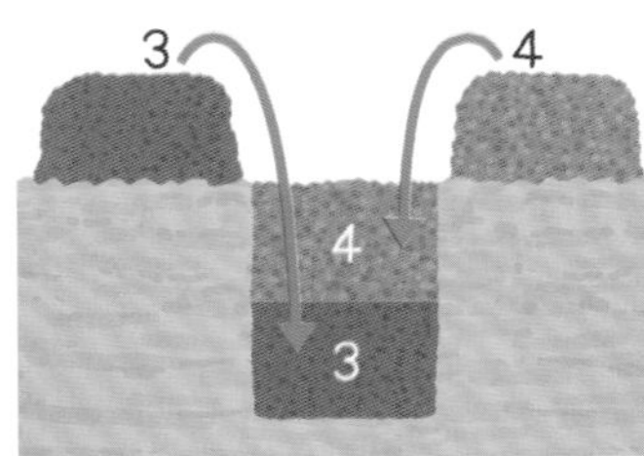

1 将花坛中的土壤挖至三四十厘米深处，并将挖出的泥土堆积在一处。
2 再往下挖三四十厘米，将挖出的泥土堆在步骤1中土堆的对面。
3 将步骤1中的泥土回填。
4 将步骤2中的泥土覆盖在步骤3的土壤上方。

腐叶土的制作方法

试试用柞树、榉树、栲树、枹树等落叶阔叶树的落叶制作腐叶土吧。
（松树、杉树等针叶树、山茶等常绿树派不上用场）

1 给全部落叶洒上水，使之湿润。
2 将湿润的落叶装入结实的箱子或塑料袋中，用脚踩实。如果是塑料袋，需要在袋底留一个洞放水。
3 往步骤2的叶子中加入米糠并混合。米糠可使微生物活动更加频繁，促进发酵。
4 用塑料薄膜覆盖在箱子上，防止雨水渗入，如用塑料袋则需松松地扎住口。
5 偶尔翻动搅拌叶子。环境不同情况可能不一样，但是一般3～6个月可以完成。

专栏

盆栽容器尺寸和土壤容量

● 花盆的尺寸

花盆大小一般用“号”表示。号数表示的是花盆口径（直径）大小，1号盆口径大约为3厘米。5号盆的口径约为15cm。花盆的口径和深度的比例相同。

● 放入花盆中的土壤量

在制作营养土或购买花土时，人们常常不知道到底要准备多少量才合适。请以此表为参考，了解一下大致的标准。

花盆号数	口径（单位：厘米）	土壤容量（单位：升）
3号	9	0.3
4号	12	0.6
5号	15	1.3
6号	18	2.2
7号	21	3.5
8号	24	5.2
9号	27	7.8
10号	30	8.4
栽培箱	长65	12～13

※以口径和土壤容量为基准。

播种和种植

从种子和球根阶段开始种植，或许难度有点高，
但是可以收获比种植买来的花苗更难得的感动。
能够从更多的品种和花色中自由选择，也很是诱人。
即便从种子阶段开始栽培一年生草本植物，时间也不会太长，
且相对比较容易种植，请一定要挑战一下哦。

种子和播种方法

比起花苗，从种子阶段开始培育的好处是能够选择更加丰富的品种和花色。在合适的时间播种，移植的时候就能拥有很多健康的花苗，且不会破费太多。虽说会多花些时间和工夫，但是花苗成活时带来的感动也是无可比拟的。

各种各样的种子

▶ 种子形状性质不同，播种方法也不一样

有些植物的种子比葵花子还大，有些甚至比芝麻粒还要小。植物种子的颜色和形状各式各样，有些表面长着一层柔软的绒毛，有些坚硬且被厚厚的表皮包裹着。种子的特性也各种各样，有接受光照才能发芽的“喜光性种子”，反之还有受到光照就无法发芽的“厌光性种子”。在播种的时候，为种子们提供易于发芽的生长环境非常重要。

例如，通常情况下，种子较大的植物其子叶（双叶）也会较大，为了防止叶片过大而妨碍种子发芽，播种时需要放大间隔。而种子较小的植物，其子叶也相对较小，须将间隔缩小。还有一些被坚硬表皮包裹的种子，为使其吸收到足够的水分，需进行“发芽处理”（参见本页下方）。覆土的量也要把握好，通常是种子颗粒大小的两倍左右，但是，喜光性种子只需要覆上极薄的一层土，使种子隐约可见即可。

播种的适宜时期因地区而定，但一般的标准是，春天在吉野樱开花的时候，秋天则在秋分前后的两周内。种子包装袋上记载了植物的名称、播种时期、栽培方法等信息，一定要确认好。

发芽处理

有坚硬表皮包裹的种子（牵牛花、美人蕉、香豌豆、羽扇豆等）和长有绒毛的种子（白头翁、铁线莲、千日红、棉花等）不易吸收水分，会出现不能发芽的情况。为使其易于发芽，需要在播种前做些处理。

破皮

避开颜色深的部分（种子发芽前的幼体所在部分），用小刀或锉刀弄破表皮。

泡水

将种子在水中浸泡4小时到一整晚。捞出后要迅速播种，防止再次干燥。

除毛

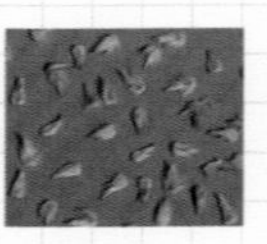

用手摘除绒毛。还可用少量的沙子在手中蹭掉绒毛。长绒毛的突起部分也需掰折。

易播种的加工种子

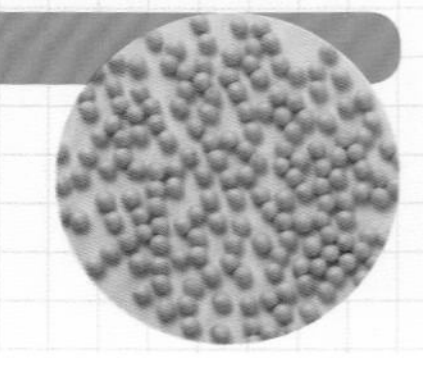

“弹丸种子”，就是为方便播种，将小颗粒的种子加工成的一定大小的球形。“镀膜种子”，表面涂覆有一层可防止发芽时出现病虫害的药剂和发芽促进剂。播种之后一定要浇水，采取措施解除种子表层的镀膜。

包装袋标识的阅读方法

种子包装袋上清楚地标注了该植物的特性、栽培时期和栽培方法等，有助于我们确认播种时间和发芽后的管理工作。

特性

包装袋上通常会写有“春播一年生草本植物”、“直根系”、“开出的花较为大朵”、“抗病害能力强”等表明该品种特征的内容。请尽可能选择不易生病的改良品种。

有效日期

有效日期指的是在正常的保存状态下，苗种公司能够保证发芽率的期限。有些包装上还会标明种子的采集日期。请尽可能选择有效日期较长、采集日期较近的种子。

培育方法

播种时间、移植时间以及施加追肥的时机、栽培过程中的要点等都标在此栏。购买时请确认好是否来得及播种、需要什么花土和肥料等问题。

喜光性种子和厌光性种子

	喜光性种子	厌光性种子
覆土	极薄、3毫米以下	种子颗粒大小的两倍左右
种子	• 藿香蓟 • 凤仙花 • 金鱼草 • 锦紫苏 • 毛地黄 • 耧斗菜 • 雏菊 • 报春花类 • 矮牵牛 • 半边莲	• 翠雀 • 旱金莲花 • 长春花 • 门氏喜林草 • 雁来红 • 花菱草 • 大花马齿苋 • 羽扇豆 • 勿忘我草

喜光性种子的金鱼草

厌光性种子的门氏喜林草

直接在花坛和花盆中播种

▶ 发芽之前保持土表湿润

从种子阶段开始培育花草时，有“直播栽培”和“移植栽培”（详见P72）两种方法。所谓直播栽培，指的是直接在花坛或者花盆中播下种子，从发芽到开花、结实的全过程都是在同一个地方完成。

播种的方法有“条播”、“点播”、“撒播”，关键都在于不要将种子混播在一起。

适合直播栽培的有，种子颗粒较大的植物和像牛蒡一样根部深植于地下难以移植的“直根系”植物。属于“直根系”花草的有古代稀、门氏喜林草、香豌豆、羽扇豆等豆科、花菱草等罂粟类植物。

除此之外的植物大多可进行移植栽培。对于一年生草本植物来说，育苗期通常为发芽后的一个月内，使用移植栽培的方法更容易进行温度管理和浇水。

种子的播种方法

把作物的种子均匀地撒在花坛或花盆里

窍门在于播种时用大拇指将手掌中的种子一点点顶出

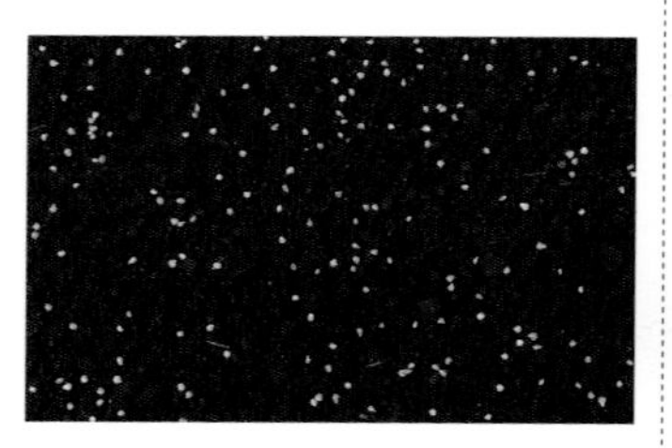

均匀地播撒在花坛中的种子

在相等间隔处挖一个深约1厘米的小凹坑，往坑中播下几颗种子，注意种子和种子之间要有分开距离

在花坛中播种时，可借助罐头瓶在土壤中按压出播种用的凹坑

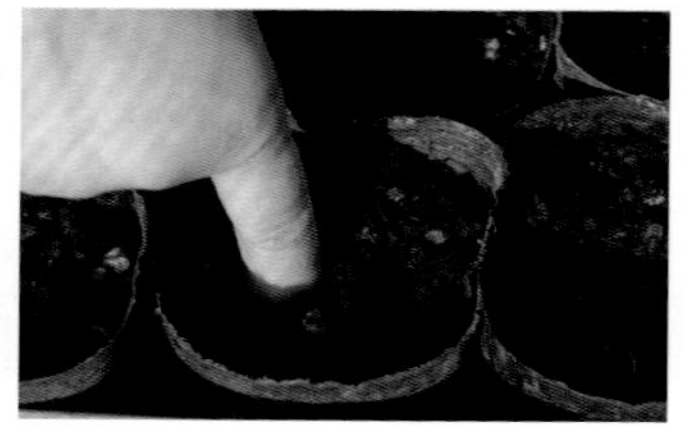

在塑料花盆中播种时，可用手指尖在土壤上按压出播种用的凹坑

在花坛或花盆中挖出深约1厘米的沟，等间隔把种子均匀地播成长条

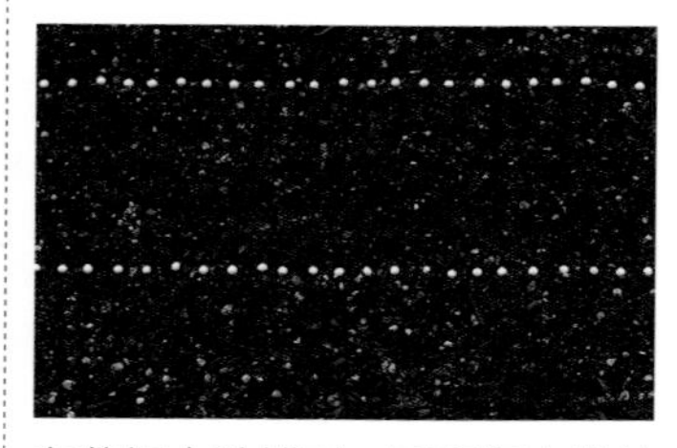

在花坛中种植时，可用细木棒按压出播种用的长沟

在花盆中播种时，可用一次性筷子按压出播种用的长沟

直播栽培时需注意，在种子发芽之前应避免阳光直射，同时还要保持土表湿润。尤其在连续晴天的情况下更需要注意。子叶张开后植株变得拥挤，为改善通风和光照条件，需要拔除一部分幼苗进行“间苗”（详见P75）。

多出来的种子怎么办？

如果保存得当，大部分种子到来年也能使用。不过，种子自身也是有寿命的，寿命较短的种子还是应尽早使用完。具体的保存方法如下：将种子连同包装袋一起装入放有干燥剂的茶叶罐等密闭容器中，然后放到冰箱的蔬菜室内保存。还需要在种子包装袋里放上一张写有购买日期和播种日期的纸条。如果是来年之后使用，种子的发芽能力可能会降低，所以播种时建议播下比正常情况下更多数量的种子。

种子的大致寿命

年限	种类
1年	● 荷包花 ● 香荠 ● 蝴蝶草 ● 勿忘我草
2年	● 大紫菀 ● 藿香蓟 ● 香雪球 ● 康乃馨 ● 百日草 ● 美女樱 ● 三色堇 ● 矮牵牛 ● 半边莲
3年	● 金鱼草 ● 紫罗兰 ● 雏菊 ● 长春花 ● 花菱草 ● 矢车菊
4~5年	● 牵牛花 ● 凤仙花

播种的窍门和覆土的方法

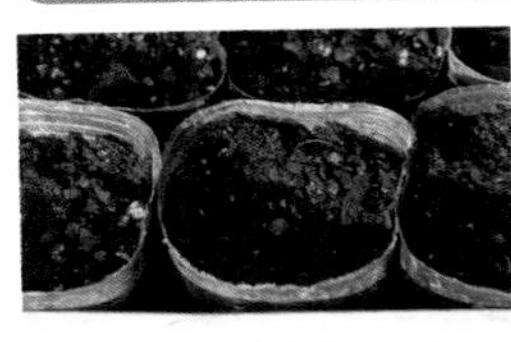

大颗种子

对于可用手指捏住的种子，挖一个是其本身两倍大小的坑就可以了。将种子放进去，用周围的土将种子完全覆盖，然后用手轻压。

小颗种子

将种子倒在对折的纸上，抖动纸张，使种子一颗颗落到地上。还可以用沾湿的牙签尖部黏住种子后转移到地上。最后借助细网眼的筛子，从上方给种子薄薄地覆盖上一层土。

先在容器中播种后再移植

▶ 用喷雾浇水，以防种子被水流冲走

所谓移植栽培是指将种子播种到地里之后，直至花苗长成，再将其移植到花坛或花盆中的种植方法。还可在花苗尚小时将其移植到其他苗床，进一步育苗。

播种的容器可使用专门的塑料花盆或单元格花盆。不同于花坛和花盆，专用容器在必要时可快速转移位置，便于育苗时的维护；缺点是容器中的花土量少，故容易干燥。也可以在草莓套盒等容器的底部开一个小洞代替专用容器，但是一定要保证使用的花土干净且是崭新的。

播种之后，用喷雾浇水使土壤充分湿润。喷壶的水流过强，可能将细小的种子冲离土壤，因此选用喷雾。为保证发芽之前土壤一直保持湿润状态，可以将湿报纸覆盖在容器上方。如果是喜光性种子，可以用透明的塑料袋或保鲜膜覆盖，以便种子能够接受到阳光照射。发芽之后要及时将覆盖物拿下，让花苗接受阳光照射，健康成长。

容器不同 播种方法也不同

塑料花盆适合在将大颗种子培育成花苗时使用

1 在铺有钵底网的盆中，加入八成播种用花土。敲打盆底使土壤匀平，再用喷雾浇水使土壤湿润。

2 用指尖在土壤中掏一个深约1厘米的小坑。

3 每一个坑里放一粒种子，再将周围的土覆盖在种子上面。

压缩泥炭

适合将稍大颗的种子培育成花苗。

压缩泥炭由苔藓泥炭压缩而成，花苗长成后可直接移植。

1 将压缩泥炭放在托盘内，用喷雾对其喷水，使其吸收水分。
2 用一次性筷子在中央处开一个小洞，稍大的种子放一粒，小种子则需要放三粒左右。
3 用周围的土掩盖，然后轻压。

平底花盆

适用于中等大小和小颗粒的种子。幼苗长成后再移植到塑料花盆中。

1 铺上钵底网，加入八成播种用花土。敲打盆底使土壤匀平，再用喷雾浇水，使土壤湿润。
2 均匀播种，以防种子堆积。
3 借助细网眼的筛子，给种子薄薄地覆盖上一层土。

单元格花盆

适用于需培育数量较多的花苗时。幼苗长成时移植到塑料花盆中。

1 将播种用花土铺满整个单元格花盆。用手掌按压直至花土平实，再用喷雾浇水使土壤湿润。
2 每一格放一粒种子，用指尖压定种子的位置。

泥炭压板

适用于需要播种的小颗种子数量较多时。幼苗长成时移植到塑料花盆中。

泥炭压板是由苔藓泥炭压缩成的板。

1 将泥炭压板放进托盘，再用喷雾浇水使之湿润。
2 均匀播种，以防种子堆积。
3 覆土时可用蛭石，或提前将泥炭压板的边角截下，细细捣碎，薄薄地盖在种子上。

育苗过程中的维护

▶ 土壤干燥时浇水

播种后的容器要放在育苗箱中，避免被雨水淋湿，还要置于通风条件好且并非完全黑暗的背阴处保存。

维护的要点在于保持土壤湿润。用湿报纸或透明塑料袋覆盖保持水分的同时，还要在底部的浅盘或托盘中加水，使土壤能够通过盆底的洞口吸收水分，即“底面给水”。如果土壤还是比较干燥，可以再借助喷雾补充水分。

出芽之后，要及时拿下覆盖物，使其接受日光照射。如不及时，茎叶会疯长为孱弱柔嫩的花苗，因此一定要把握好时机。从发芽到扎根，底面给水要一直持续下去，但是待真叶长出，花苗长成时，要停止底面给水，让土壤恢复干燥。之后再将喷壶的莲蓬嘴朝上，给花苗浇水。这样一来，植物的根部就能长得结实强壮（关于浇水，详见P88）。

此外，子叶（双叶）长出之前，无须施肥。

发芽前的维护

- 将报纸覆盖在花土上方，借助喷雾使之湿润。
- 如果是喜光性种子，就用透明塑料袋或保鲜膜覆盖，以保持水分。
- 向托盘中加水，使土壤通过底面给水获取水分。还要用喷壶从上方浇水（给水后多余的水要倒掉）。

为防闷湿，可用牙签在覆盖物上戳一些小洞。

在多个花盆里播种时，可将花盆统一放在一个容器里，再盖上保鲜膜。

将苗床放在较深的钵底碟里，向碟里加水，使土壤能吸收到水分。

可将几个小花盆放在一个大托盘里，通过给托盘加水实现底面给水。

发芽后的维护

- 拿下覆盖物使其接受光照。
- 为防止雨水溅泥和蛞蝓，不要将育苗箱直接放在地上，而应将箱子底部垫高。
- 子叶（双叶）长出之后，每隔两周通过底面给水施加液体肥料（1000倍）（给水后多出的水要倒掉）。
- 真叶长出后，待土壤恢复干燥，再用喷壶浇水。

▶ 子叶长成后间苗

在同一处播下数颗种子，待子叶全部长成，拥挤的子叶会遮蔽阳光。通风条件变差，病虫害也会多发。此时，需要拔除一部分幼苗，也就是进行所谓的“间苗”作业。

第一次间苗应在子叶长成之后立刻进行。一定要注意，错过时机则会导致花苗孱弱柔嫩。

具体操作时，用镊子或者前段削尖的一次性筷子夹住花苗后再拔除，以防碰伤旁边的正常花苗。如果不慎拔到了旁边的正常花苗，不必勉强保留，干脆用剪刀贴着地面将其剪断即可。间苗不需要一步成功，窍门在于根据花苗的生长情况多次进行。

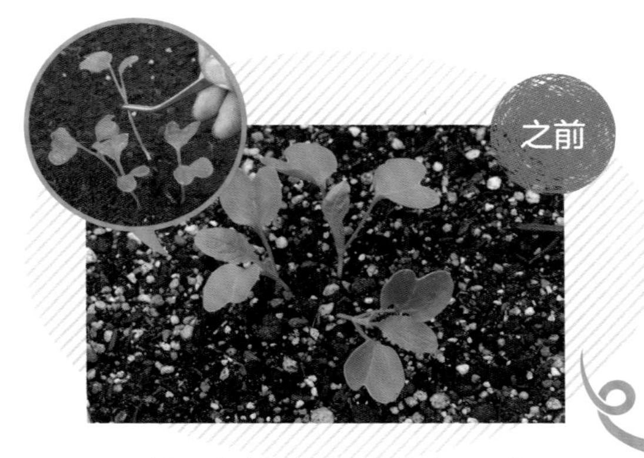

用镊子夹除外壳未脱落的种子和发育不良的花苗。

拔除子叶拥挤的花苗，留出株间距。如根部土壤松动，用手轻按使其恢复。

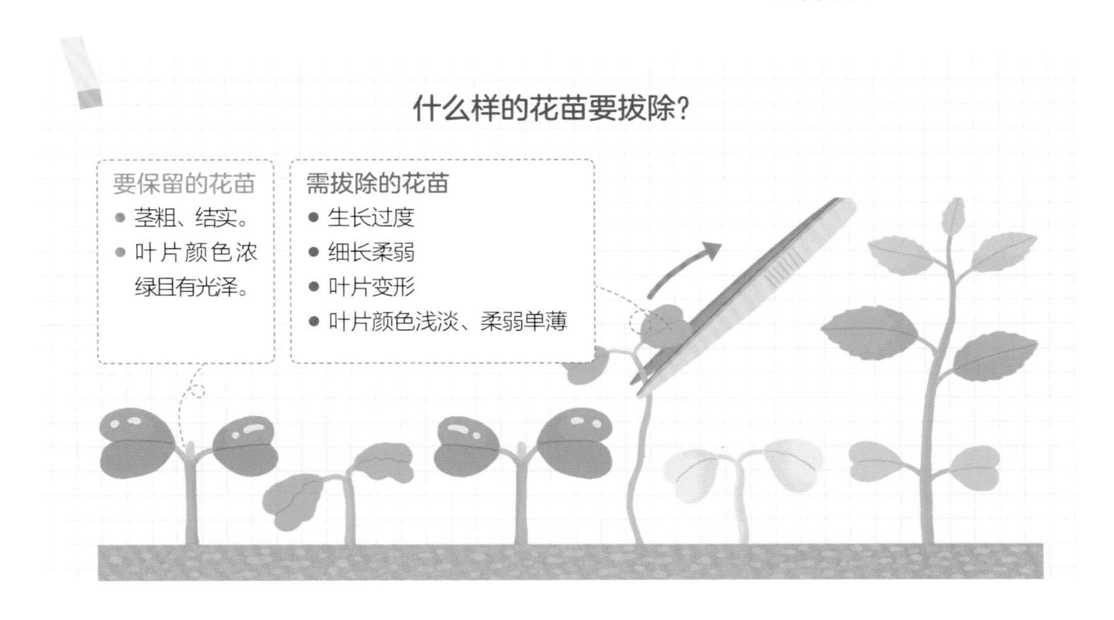

移植的方法

▶ 在植物扎根之前移植

真叶长出后，植物的根部就会迅速生长。花盆能提供的空间不够，植物也就无法健康生长。这时候需要将花苗移植到更大的容器中（塑料花盆和压缩泥炭则不需要移植，间苗之后原处培育即可）。

当真叶长出三四片时，最适合进行移植。错过这个时期，植物根部继续生长，将难以移植。

具体操作方法如下：如果是单元格花盆，可用镊子或者削尖的一次性筷子取出每一格里的花苗；如果是种植在泥炭压板里的花苗，可同时取出三四株。取出的花苗单独分开，但到移植时要三四株同时移植到塑料花盆里。

移植过后，花盆集中放到育苗箱里，用带莲蓬嘴的喷壶浇水，直至盆底有水流出。

移植完成后，请将植物放在并非完全黑暗的背阴处，避免雨淋，直至植物扎根。

移植的步骤

1 准备好移植用的花盆

往铺有钵底网的塑料花盆中加入营养土，轻拍底部使其匀平。

2 开穴

按照花苗数量准备好花盆，在土壤中间用手指掏一个小洞。

3 拔苗

用镊子等将花苗连同花土一同拔出。土壤略干时更易拔出。

4 将花苗移植到花盆中

将花苗移植到花盆的小穴中。请小心操作，以防损伤植物根部。

5 按压植株根部

将周围的土壤聚到植株根部，用手指轻轻按压使之稳定。

6 浇水

用水壶缓缓浇水。花苗稳定之后，填补花土，确保贮水空间。

定植之前的维护

▶ 确保光照和通风

移植后的两三天内，将花苗放在并非完全黑暗的背阴处保养。一旦枯萎的花苗重新恢复生机，就证明已经扎根。此时应适时将花苗转移到光照和通风好的场所。

待土壤表面干燥时，用带莲蓬嘴的喷壶给植物充分浇水。移植一周后施肥，每周施一次1000倍稀释后的液体肥料，浇水也要多次进行。但是要注意，过度浇水和施肥会引起生长发育不良，导致病虫害。

当育苗箱中花苗的叶子互相重叠时，要加大花盆的间隔。保持良好的光照和通风非常重要。

当真叶长势繁茂，盆中长满白色的根，花苗就完全长成了。趁现在，把花苗种植到花坛或者花盆中吧（详见P78-80）!

柔软的叶子最容易被害虫盯上。发现虫斑时，要翻开叶子背面仔细检查。潜蝇的幼虫会在叶片上留下白线“画作”，植物在地面处咔嚓折断多半是黄地老虎搞的鬼。防治虫害详见 P130。

大丽花的花苗

成功培育花苗

1 浇水，土壤表面干燥时，充分浇水。

2 施肥，要在必要的时候施加必要的分量。

3 日常保证良好的光照和通风，防治病虫害。

花苗的种植方法

植在苗床上培育好的花苗移植到最终场所的作业被称为“定植”。请选择符合以下要求的花苗：①叶片数量多颜色好；②节间饱满茎枝粗壮，注意避开有虫痕斑点和蜷曲的花苗。

种在花坛里

▶ 适时种植白色根已经长好的花苗

庭院种植和花盆种植，都要选择适宜的时机。过早或者过晚都会导致生长发育不良，植物也就很难顺利地开花结实。

如果花苗是购买的，当看到同类花苗摆满花店门口的时候，就可以判断为适宜种植的时期。如果数量少，则说明很可能时机过早或者适宜时期已经过了。如果是自己培育的花苗，待花苗的白色根长满花盆，就可以定植了。

在种植前一周做好花坛的准备工作，购买的花苗需及时种下。最好在一天内完成，最长不超过一周。

区分好苗和坏苗

好苗　花盆中布满白色根，钵底洞口处也有少许白色根露出。

➡ 不要弄散土裹根※，直接定植。

坏苗　花盆中的茶色根十分显眼且根须卷曲从钵底洞口探出。

➡ 仔细拆开硬结的根部。将长长的茶色根切断后再种植。

※将植物从地里或者花盆里挖出时，植物根部与土壤结为一体形成的土块。

在花坛中定植的要点

1　根据花苗大小决定种植的位置。植株较高的安排在中间，矮的安排在边缘处，营造出立体感。

2　简单的布局方式有棋盘一样的“列植”，交错穿插的“千鸟植”，还可确保光照和通风。

3　从花坛的里面（或中央）开始往边缘处依次种植，可以避免踏乱土壤或者弄伤先前种下的花苗。

4　留出足够的株间距，以确保光照和通风。
- 株高30cm以下→株间距20～40cm为佳。
- 株高30～60cm→株间距30～50cm为佳。

金盏花　在花坛中种植时的步骤

翻耕匀平花坛里的土壤，边测量株间距边安置盆里的花苗。窍门在于从花坛的里面（或中央）开始向边缘处依次种植。

1 除掉花蒂

用剪刀将枯萎的花蒂或叶片从连接处剪下。

2 挖坑、施基肥

挖一个比土裹根大一圈的土坑。施入缓效性化肥，盖上一层土，防止日后植物根部接触到肥料。

3 从塑料花盆中取出花苗

无法取出时，可轻轻按压花盆，使土壤与花盆壁之间产生松动。

4 清理土裹根周围

清理干净沾在土裹根上的苔藓和枯叶。

5 展开底部根茎

硬结的土裹根会使植物根部难以伸展，所以需要小心解开，注意不要弄断根茎。

6 将花苗种植于土坑中

种植时注意保持地面和土裹根上面的高度一致。

7 按压植物根部使之稳定

给植物根部盖好土之后，用力按压，使植株扎根更加稳定。

8 浇水

所有花苗种植完毕，匀平土壤，用带莲蓬嘴的喷壶充分浇水。

种在花盆里

▶ 协调各花草的特性

花盆栽培有很多有趣的方法。例如，一个花盆里只种一棵的“单植”，一个花盆里种几棵的“混栽”。混栽也分为花色不同的同类花苗多棵混种和不同种类花苗多棵混种。

单植的窍门在于，将装有花苗的花盆种在比其自身大一圈的花盆里。如果是多年生草本植物，待植株长成后，需要再移植到更大一号的花盆中。

混栽非常关键的一点是，要协调好混栽花草各自的特性。如果花草对于光照和土壤性质的要求差别极大，放在同一个花盆中打理就会极其困难。混栽的标准大约是7号盆里可种3棵、10号盆里可种5棵。按照株高和培育植物时的朝向来安排，结果会更加协调均衡。

单植的步骤

- 花盆
- 钵底石
- 钵底网
- 营养土
- 缓效化肥（营养土中自带基肥的情况下不需要）

1 在装有钵底网的花盆底部铺上钵底石。如营养土中没有基肥，需要预先加入基肥（详见P61及P63）。

2 从塑料花盆中取出花苗，清理表面和周围的污垢。若根茎板结，需要小心解开。

3 放入花苗时，留出花盆边缘以下一两厘米的空间。此时将花苗略微向手跟前倾斜会更美观。

4 加入营养土定植，浇水直至水从盆底流出。

混栽的步骤

1 确定布局

将较高的花草安排在中间或者靠后的位置，画面会更有平衡感。

花材：松果菊、香彩雀、千日红、波吕仙草

2 铺钵底网，放钵底石

若盆底有洞，铺上钵底网，然后放入钵底石，直至花盆底被盖住。

3 加入营养土

将土裹根最大的花苗连盆放进容器，留出容器边缘以下一两厘米的空间，加入混有基肥的营养土。

4 清理土裹根的污垢、解开土裹根

从塑料花盆中取出花苗，用一次性筷子等清理掉土裹根表面和周围的土壤。小心解开板结的根茎。

5 匀平土裹根上面土壤

将花苗排列在容器中，注意将土裹根的最上面匀平。土裹根较小的花苗下面用营养土填补，植株之间也要填上足够的花土。

6 取下莲蓬嘴，浇水

将缠绕的茎或叶片解开整理好之后，用取下莲蓬嘴的喷壶充分浇水，直至有水从盆底流出。

球根植物的种植

球根植物将养分储存在肥大的球根里，所以不必费心打理也能开出美丽的花。只要选好球根植物，在合适的时期种下并记得浇水，就不会失败。

种在花坛里

▶ 在最适合球根植物生长的季节种植

根据种植季节不同，球根植物可分为春植球根、夏植球根和秋植球根三类（详见P20）。

春植球根不耐寒，所以要在温暖的春天种植，在该年夏天开花，开花后需在天气转寒之前将球根挖出（详见P110）。夏植球根能耐酷暑，夏天种下，第二年秋天开花。难耐酷暑的秋植球根，应在秋天种植，在冬季寒冷的刺激下，秋植球根结束休眠，第二年春天到夏天便是开花期。

花坛里的球根如果没有发芽，我们有时会忘记浇水，因此需要在球根种下的地方插一个标牌，地面干燥时要及时浇足够的水。

种植要点

- 种植鳞茎和球茎（详见P21）时，要将尖突的部分朝上。长有根的球根则将根部朝下进行种植。
- 种植块根（详见P21）时，要将切口朝上。
- 百合的球根上也会长出根，所以种得深一些。
- 种植银莲花和花毛茛等干燥的球根之前，为让其吸收水分，需先将其在厨房用纸巾和泥炭藓上放置一整晚左右。
- 种植用土坑的深度约为球根高度的两三倍。

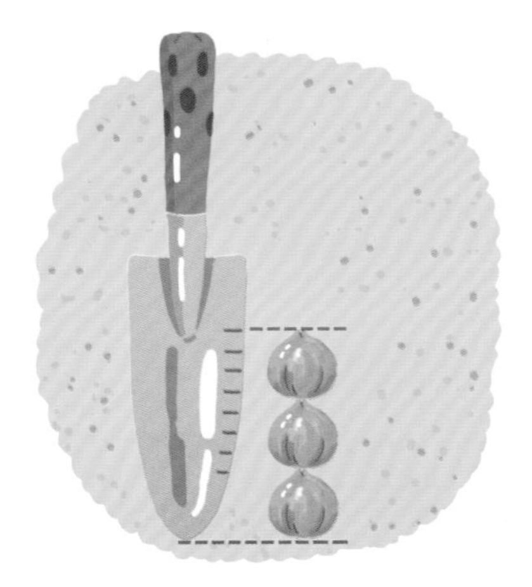

挖土坑之前，将球根纵向排列在地面上，借助移植铲确认土坑的深度。

选择光照好的场所，排水差的地方可借助腐叶土和堆肥来改良土壤。种植时，土坑的深度约为球根高度的两三倍，株间距是球根宽度的一两倍（详见 P84）。

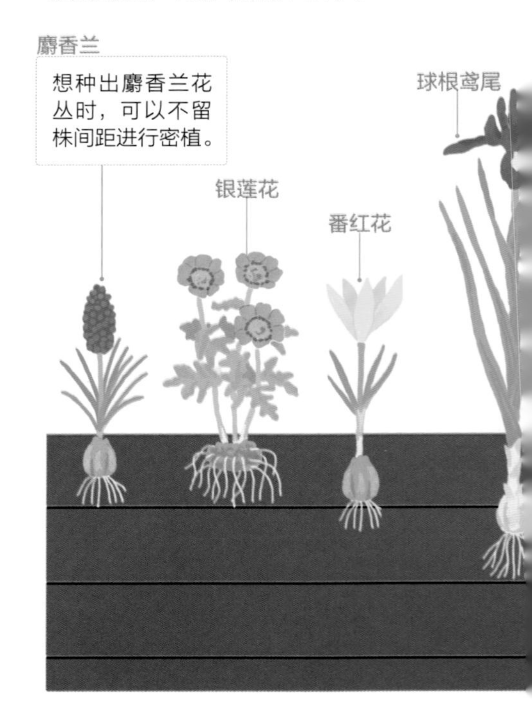

球根的区分方法

好球根

种类和名称有明确标注，丰满圆实、形状好的球根。握在手里沉甸甸的，分量十足。

坏球根

个头极小或者变形的球根。有些干燥且没有分量。表面有伤、霉斑或者病斑。

在花坛中种植球根时 土坑的深度

大丽花

窍门在于将较细的球根头部朝上、并使其斜躺

水仙

品种不同，球根的大小和形状也会不同

郁金香

易受损伤，故种植时动作要轻缓，不可将球根硬塞入土中

风信子

大花葱

百合

其球根上长有“上根”，故种在土壤中要深植。

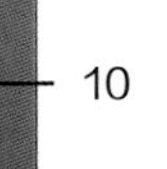

0

10

20

30
cm

球根盆栽

▶ 花盆种植球根要浅植密种

比起花坛种植，在花盆里种球根的窍门是浅植密植。因为如果在花盆中深植，植物的根会没有足够的生长空间，而拉大植株间距之后可种的植物棵数就少，日后开花也会显得稀稀落落。花盆种植时，土坑深度是球根的两倍，留出约一个球根的间距就可以了。

种植在花坛里的球根在土壤中得到充分的生长积淀，来年也能开花。而种在花盆里的球根容易分球，无法长得十分粗壮，因此无法在第二年再开花。

种下球根后，将花盆放在光照和通风条件好的地方，土表干燥时要及时补充足够的水分，冬天也要注意使其保持湿润的状态。

5 号盆里能种下的球根数

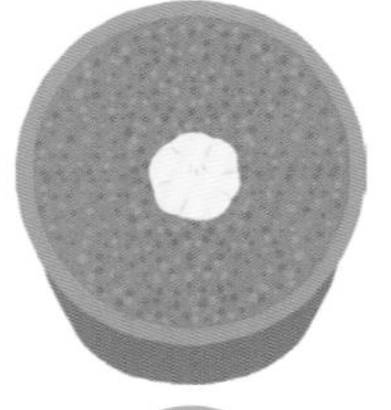

秋水仙、大丽花、百合等

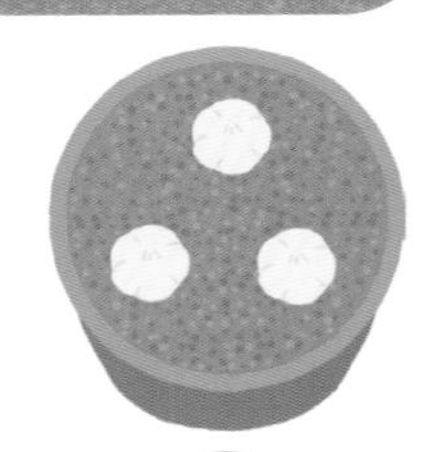

3个

郁金香、风信子、花毛茛等

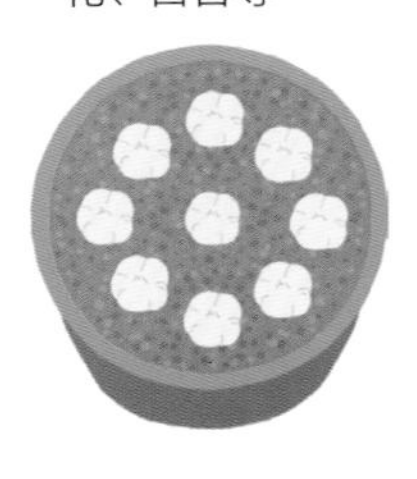

番红花、水仙、香雪兰等

在花坛和花盆中种植的深度和间隔

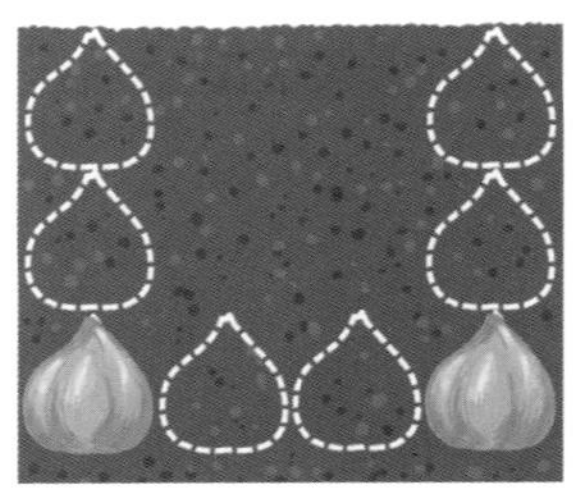

深度为 3 个球根大小，间隔为 2 个球根大小。

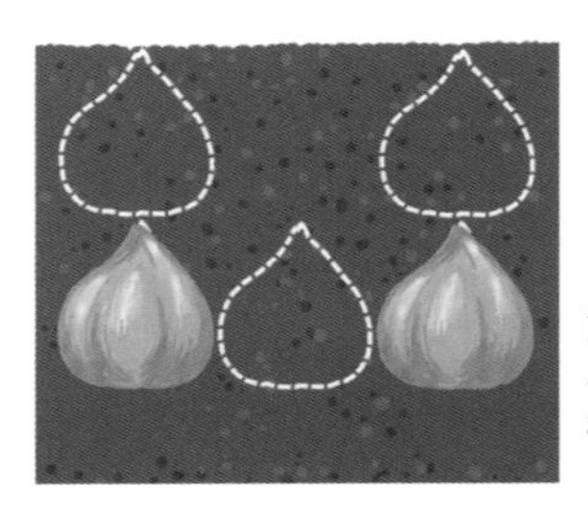

深度为 2 个球根大小，间隔为 1 个球根大小。

郁金香　在花盆里种植球根时的步骤

1 铺上钵底网。

2 薄薄铺上一层钵底石。

3 往“贮水空间+两个球根高度”以下的空间里加入营养土。

4 种植时，留出1个球根大小的间隔，使球根的朝向一致（若球根长成情况正常，则无须刻意使之一致）。

5 在球根上覆盖营养土，注意保留贮水空间。

6 充分浇水，直至水从盆底流出。

挑战双层次种植！

将开花期和株高不同的两种球根或者同类球根栽种成两段的做法叫作“双层次种植”。开花期不同，能延长可观赏时间，株高错落或同类花合种的时候，开花场面尤为壮观。

种植方法

1. 在花盆中加入一半营养土，然后铺上球根。
2. 薄薄地覆上一层营养土，直至遮盖住球根。铺上第二层球根，注意不要压住第一层球根的头部。
3. 覆上营养土遮盖球根，浇水，直至水从盆底渗出。

具体数量据球根的品种和大小而定，一般10号深盆能放二三十个球根。

让不同种类的球根同时开花的窍门：种植时大球根在下层、小球根在上层。

专栏

花树苗木的种类和挑选方法

花树和庭院树中可见四时变化，观者又能欣赏其每年的成长。而且有些花树和庭院树并不需要宽敞的院子或阳台，那何不种些使之与花草相映成趣呢？

苗木的种类有可种植于花盆或塑料花盆的“盆苗”、根部不沾土的“裸苗”和根部有稻草或麻布包裹的“裹根苗”。 最容易打理的是易扎根且不易枯死的“盆苗”。和花草苗一样，木苗也要选择节间饱满结实的。

微型月季

微型月季有大苗也有新苗（春苗、小苗）。大苗最适宜在11月～来年2月、新苗最适宜在五六月种植。在庭院里种植时要选择光照好的位置，如果土壤排水条件不好，可加入腐叶土和堆肥进行改良。

花盆种植时，以8～9号盆为基准，用“基本配制”的营养土或市面上销售的专用花土种植。通常情况下每两年要换大一号的花盆（详见P104）。

每当花开过后，都要“摘除花蒂”（详见P98）。要注意不是直接将残花摘除，而是要在同时长有5枚叶片的枝杈处将其剪断。千万不要忘记追肥、寒肥和礼肥。

在同时长有 5 枚叶片的枝杈处将残花的花柄剪断。

开出更好的花朵

本章介绍的活动，有助于植物健康成长，

更加长久地开出美丽的花朵。

过度干预是失败的根源，

适当的管理能调动花草与生俱来的旺盛生命力。

花开之后，采种、分株，为下一季的绽放做好准备。

开花之前和之后

把握时机、张弛有度，是莳弄花草的关键。缺水缺肥会给植物造成伤害，但过度浇水施肥也不利于植物健康。仔细观察植物，找到最合适的时间和用量。

浇水

▶ 水是植物的润滑剂

浇水就是给予植物水源补给。野生植物为了生存，会在地下深深扎根，凭借自身的努力吸收水分和养分。但是人工培育的植物，尤其是在像花盆这样有限的空间里生长的植物，无法做到如此。因此，当所种植物需要水分补给时，浇水就非常重要。

如果没有水，植物就会枯萎，但是水的作用不仅限于此。植物根部会同时吸收土壤中的营养成分和水分，吸收上来的水分也会参与光合作用，光合作用下生成的养分会跟随水分一起抵达植物的各个部位。故而水也扮演着润滑剂的角色。

浇水的时机和窍门

花坛

- 基本上无需浇水。花苗在种下之后，即便枯萎也能凭借自身力量吸取土壤中的水分，重新恢复生机。要注意，过度浇水会延缓根部的生长发育及植物成活。
- 在夏天极其干燥时，可在早晚气温较低的时候，给花坛整体浇上充足的水分。土壤过于干燥而不沾水的情况下，可在周围挖水沟，然后将水注入水沟，使其慢慢渗入土壤中。

极度干燥时的浇水方法

用移植铲在植株周围挖出浅浅的水沟，注意不要伤到植物根部。

往水沟中缓缓灌水。待水完全渗入到土壤之后，再重复浇水。

花盆

- 如果不知花土是否干燥，可用手指触摸来确认大致情况。
- 可根据鹿沼土的颜色判断干燥程度。

鹿沼土的颜色变化

浓茶色
➡十分湿润

淡茶色
➡适度湿润

发白
➡干燥

花盆里的鹿沼土发白时，就是浇水的合适时机。

▶ 土壤干燥时才浇水

植物离开水将无法生长，但如若浸泡在水中，根部无法呼吸，植物就会腐烂枯死。在土壤干燥且植物生长状况正常的情况下浇水，新鲜的空气会和水流一起进入，将土壤中堆积的代谢物和陈旧的空气一扫而净。故而一定要在土壤干燥时再给盆栽植物浇水，直至有水从盆底流出。此外，如果在花坛中播种或者移植时充分浇过水，日后基本上不再需要浇水。

浇水时要注意，不要将水直接浇在花朵、茎或者叶片上。另外，从高处浇水，较强的水势会冲翻泥土，伤及根部。溅起的泥土沾在茎或叶片上，会给病原菌可乘之机。要谨记通过喷壶的莲蓬嘴调节和控制水流（喷壶的使用方法详见P30）。

夏天和冬天的浇水方法

- 接在水龙头上的软管中残留的水会受热，温度升高。浇水前一定要确认水温。
- 即便花盆中的花土干燥了，也不能在太阳底下给植物浇水。可将花盆转移到凉爽的场所，或者给花盆遮荫，等待温度降低。给花盆周围泼水效果也很好。

将软管中温度较高的水洒在过道上，待管中流出的水温度正常后再浇水。

- 自来水在外界空气的作用下会变冷，因此可提前将水装在桶或者喷壶里，再放置在室内。
- 要极力避免给开花后进入休眠期的植物浇水。窍门是在其将要干透之前进行充分浇水。将花盆拿在手中，记住湿润和干燥时不同的重量。

打好水放在室内。虽费些工夫，也是园艺的一个重要环节。

外出时如何浇水

- 需外出两三天时，在花盆碟碟里存些水，通过底面给水让植物吸收水分。但是要注意，夏天水温上升，可能导致烂根。
- 用湿报纸、泥炭藓、腐叶土等覆盖花土后，将花盆转移到通风好的背阴处，减少水分蒸发。

由塑料瓶改装成的保水装置也十分方便且易操作。

不同情况下的浇水方法

过度干燥时

将花盆放入盛满水的水桶，让土壤通过盆底和土表两个途径吸收水分。不再冒泡的时候取出花盆。

观叶植物的浇水方法

供室内欣赏的观叶植物在冬天会因为暖气变得容易干燥，请用喷雾给叶片的两面喷水（详见P23）。

摘心

▶ 促进腋芽生长，开出更多的花朵

植物的根茎前端有一个部位被称为“生长点”。所谓“摘心”，指的就是摘除生长点的作业。

摘除主干茎的生长点，不仅可以使之不再生长，还可以促进腋芽的长出。腋芽生长，生出多根枝杈，每个枝杈上也会长叶、开花、结实。摘心就是利用这一性质，让植物可以开更多花、结更多实，姿态愈加繁茂。

摘心的适宜时期通常是从长出约8枚叶片时起到开花前的一两个月之间。摘除主干茎的中心部分，让腋芽生长，再反复进行摘心作业。这样可以让植物长出更多的枝杈。摘心太晚，花朵开不出来，摘除过度会导致植株衰弱，因此，把握适宜时期，在观察和把握植物生长情况的前提下进行摘心，非常重要。

摘心的方法

当植物的株高达10厘米且长出8枚真叶时，摘除主干茎的前端约1厘米部分。

当腋芽长到7厘米时，摘除腋芽前端约1厘米部分。

适合摘心的花草

更多花	牵牛花、小菊花、大波斯菊、锦紫苏、鼠尾草、石竹、龙面花、马鞭草、三色堇、堇菜、向日葵、矮牵牛
更多叶	茴芹、洋苏、罗勒、海索草

挑战“标准式”！

主干茎笔直伸展、经过反复摘心，只有上部枝叶繁茂的植物，被称为“标准式”。锦紫苏、长春花、倒挂金钟和茼蒿菊等都可用此方法培育。

❶当种在5号盆里的花苗株高超过20厘米时，切断其他腋芽，只留下主干茎；❷将花苗移植到10号盆里，当株高达到60厘米时摘心；❸此后，反复进行摘心，并将植物上部打理成圆球状。

掐芽或摘芽

▶ 让主干茎生长，开出更大的花朵

摘心可以让植物开更多的花、结更多的实，但是如果想让植物开出的花数量虽有限但形态大朵的话，不妨试试“掐芽”。为将生长所需的养分集中到主干茎，可以将长出的腋芽掰掉，即所谓的“掐芽”或“摘芽”。

掐芽常常用于培育西红柿和土豆等以果实为主的蔬菜，但对于培育大朵的菊花、大丽花、蔷薇和牡丹等鲜花也十分有效。

具体操作时，只要趁叶根处的腋芽尚幼小时用手将其摘除即可。也可以借助花剪和刀，但是反复使用有可能在植株之间传播疾病，所以在使用前可采用打火机炙烤等方法给刃口消毒（消毒方法详见P33）。此外，掐芽请在植物的生长旺盛期进行，尽量避开长势平稳的秋冬季节。

主要的花草的掐芽方法

● **牡丹**

保留靠近植株根部的三四枚腋芽，上部腋芽全部切掉。

● **菊花**

当腋芽长到两三厘米时，依次摘除。过长的腋芽可用剪刀剪断。

● **大丽花**

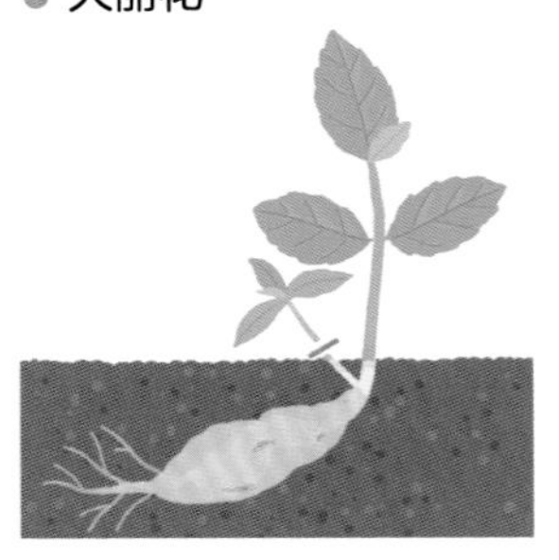

种下后，待其长出两三棵芽时，保留一棵粗壮健康的芽，其余全部摘除。

● **蟹爪兰**

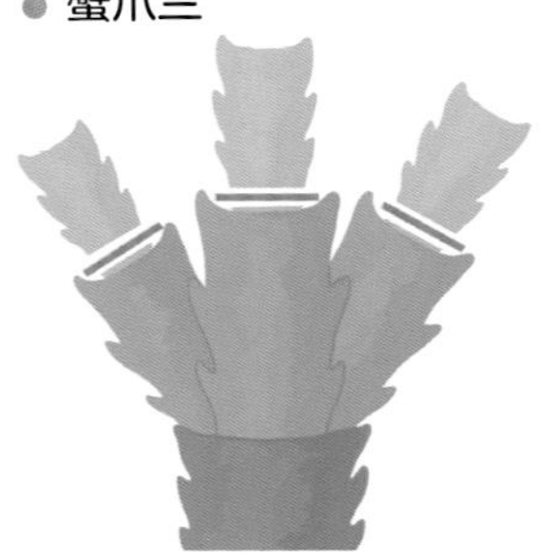

柔嫩的茎节上长不出花芽，因此要摘除入秋后新发的芽。

食果实类蔬菜的主要摘芽形式

通过摘芽调整蔬菜的分枝数量，可以在确保数量的前提下收获又大又饱满的果实。

一株式

摘除所有腋芽。

二株式

除主干茎之外，再保留一棵长势好的腋芽，其余全部摘除。

三株式

除主干茎外，再保留两棵长势好的腋芽，其余全部摘除。

追肥

▶ 基肥和追肥分量各半

与最开始时混在土壤中的基肥对应，在植物生长过程中补充施加的肥料被称为“追肥”。一开始就将全部肥料混在土中似乎会省事许多。但事实并非如此，幼苗能够吸收的肥料是有限的，而且浇水和降水冲走的肥料会被杂草夺去吸收，等到植物真正需要的时候，反而没有足够的肥料了。

植物一生所需要的肥料量是一定的。一般做法是基肥和追肥分量各半。可通过种子包装袋和花苗上的标签确认所需要的用量和配比。

肥料不足时，植物的叶片颜色会变差、花朵也会变小，因此要在植物出现这些症状之前及时追肥。但是，施肥过度的话，土壤中肥料的浓度变高，会导致根部的水分被夺走，出现“肥害烧根”现象。所以需要根据花草的实际状况，控制施肥量。

追肥的方法

花坛

对于多年生草本植物而言，花开至七成时就是追肥的时机了。将化肥撒在植株周围，轻轻翻耕土壤进行中耕（详见P94）使之与土壤混合。

液体肥料的施用方法

一定要将肥料稀释到规定的浓度后再使用（关于液肥的稀释方法，详情请参照P47）。液肥的肥效一般可持续7～10天，因此应每周施一次，可代替浇水，充分施肥直至液肥从盆底流出。

花盆

将颗粒状肥料均匀地撒在花土上。和植株保持距离，避开根部，然后将块状肥料按等间距浅埋于土壤中。

● 颗粒状肥料（如右图所示）直接施在植株旁，块状肥料则要与植株保持一定距离。

化肥的计量标准

● **料理用计量匙**
满满一大匙→约15克
满满一小匙→约5克

● **手量**
一握→约30克
一抓→约10克
一捏→约3克

肥料缺乏 / 过剩时的主要症状

图中所示为健康的花苗。

应对“肥害烧根”

园艺新手经常遇到的问题就是施肥过度导致肥害烧根。但是，仅凭“叶片泛黄”现象，难以判断原因究竟出在肥料不足还是施肥过度。除施肥之外，浇水、病虫害、环境等都有可能造成这一现象。如果能够断定是施肥过度、并且植物也出现了相应症状，不妨尝试一下以下方法。

方法 拿走放在花土表面的肥料→通过充分浇水来清洗土壤中的肥料成分，直至有水从盆底流出→在植物恢复之前只浇水不施肥，待新芽长出后再重新施肥。

给肥害烧根的勿忘我草浇水，清洗土壤中的肥料成分。

中耕、培土、加土

▶ 轻翻土壤的“中耕”

在培育植物的过程中，轻轻翻耕硬结的表层土壤的作业，被称为“中耕”。只要松一松土壤，就能重新改善土壤的通气性和排水性，让植物根部更好地在地里扎根。一般来说，中耕是和追肥搭配进行的。因为在施肥后轻轻翻土，可以让肥料与土壤充分融合，促进肥料的分解和吸收。中耕的同时顺便完成除草，也是不错的选择。

中耕的方法

花盆

浇水的次数越频繁，表层的土壤越容易板结。花盆种植的情况下，需每隔三四个月，用竹扦或者叉子戳进土壤中深约一二厘米处进行松土。大型花盆则需要戳进深约两三厘米处。

如果是小型花盆，使用操作灵活的迷你移植铲更为便利。轻轻翻耕表层土壤，注意不要损伤根部。

在追肥的同时进行中耕，可一边翻弄表层土壤，一边混入肥料。

花坛

土壤硬结会导致雨水难以渗入，植物也很难深深地扎根。多年生草本植物的生长期长，需要每隔两三个月用移植铲在植株周边地下深约三厘米处松一次土。

用移植铲轻轻翻耕，注意不要损伤根部。在追肥的同时进行会更有效果，能够促使肥料充分融入土壤。

将肥料施于植物根部，轻轻翻耕表层土壤，使肥料与土壤互融，就能在追肥的同时实现中耕了。

▶ 培土：向植株根部拢土

中耕之后，土壤松散，有可能造成植株暴露于地表。此外，风吹雨打也可能造成植株根部的土壤流失。这时候，就需要进行“培土”作业，将周围的土壤向植株根部拢聚。

培土可以防止根部干燥，使其扎根更为牢靠。无论是间苗之后松动的花苗，还是新根扎在地表附近的百合、唐菖蒲，或是有很长白色茎的蔬菜（如大葱），培土都是不可缺少的。

▶ 加土：增补新的土壤

“加土”和培土较为类似。在植物根部或地下茎生长挤出地面，或长出新芽时进行。通过加入新的土壤，可以给予根部更多的生长空间，从而保护新芽。尤其是在花盆栽培的情况下，风吹雨打和日常浇水作业都有可能造成土壤流失，所以一旦发现这样的情形，要立即增补新的土壤。

培土的主要目的

- 改善土壤的通气性和排水性。
- 稳固植株，防止植株在强风的作用下倒伏。
- 保证根和根茎的生长发育空间。

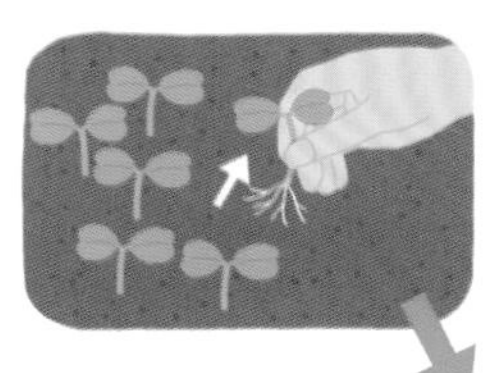

间苗之后，轻轻将土壤拢于植株根部周围，使之稳固。

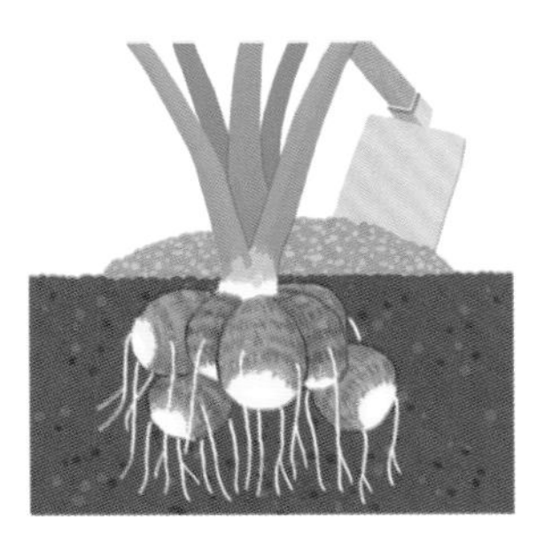

种植芋头等球根植物时，为使球根壮大，会在植株根部处堆高土壤。在追肥的同时培土会更有效果。

加土的具体操作方法

土壤减少时，可用小铲子在植株根部周围加土，厚约一两厘米为宜。如果同时进行追肥和中耕，肥效更高。

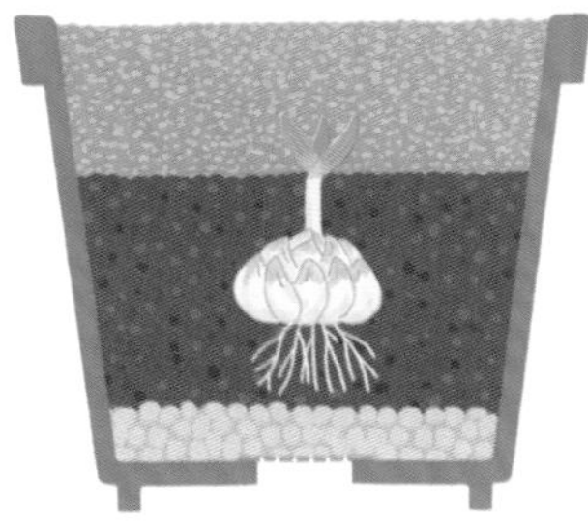

给百合加土

球根的上面会长出新球根（上根），因此当百合发芽时，加土直至花盆边缘处。

给茴香加土

在茴香的植株根部加土，以防倒伏。

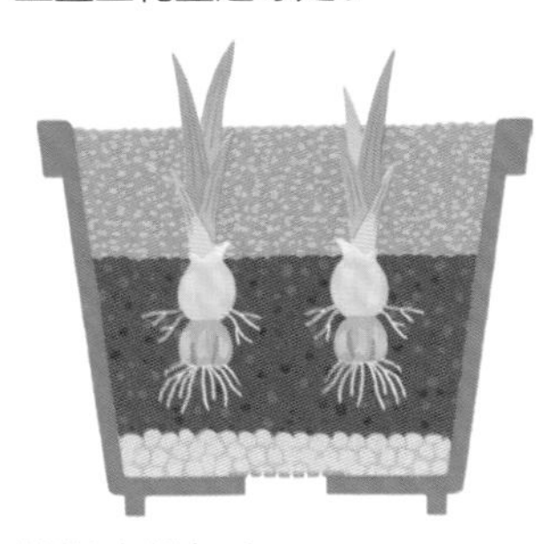

给洋水仙加土

新球根会长在上面，因此当洋水仙张开三四枚叶片时，加土直至花盆边缘处。

给樱草加土

为使留待下一季生长用的花芽成长更健康，须在开花后加土。

加支架和牵引

▶ 支撑并调整植株姿态

定植后，株高较高的植物易被风吹折吹倒，因此需要立支架来支撑生长。这项作业被称为“加支架”。此外，种植蔓性植物时一般会借助网或围栏来引导其生长，而借助支架或网来引导枝、茎、藤蔓使其固定的作业被称为“牵引”。

加支架和牵引不仅可以调整支柱姿态，还可以改善光照和通风条件、降低病虫害发生的概率，也可以使摘芽和追肥、中耕等作业更加容易进行。

从竹子等天然材料到塑料、金属等人工材料，从棒状、环状到花格状，支架不仅材质种类繁多，形状也十分丰富。选择时可充分考虑所种植物的种类以及种植的目的。做牵引时，用线或者塑料绳将茎蔓轻轻缠绕，以防损伤植物，绑在支架上时则可拴得结实些。

支架的主要种类

棒状支架①

纤细的短棒支架，适合株高较低的花草和果实小而轻巧的蔬菜。

棒状支架②

较粗的长棒支架，适用于西红柿和黄瓜等果实坠重的蔬菜。可以纵向和横向组合成立体支架。

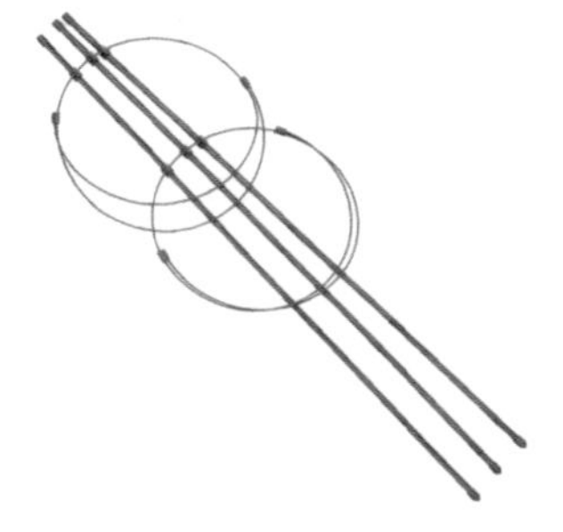

花盆用支架（灯笼形）

圆形花盆用，可引导藤蔓呈螺旋状生长。适用于牵牛花、铁线莲等蔓性植物。

栽培箱用支架（灯笼形）

使用方法和花盆用支架相同。除蔓性植物外，还可支撑西红柿等蔬菜。

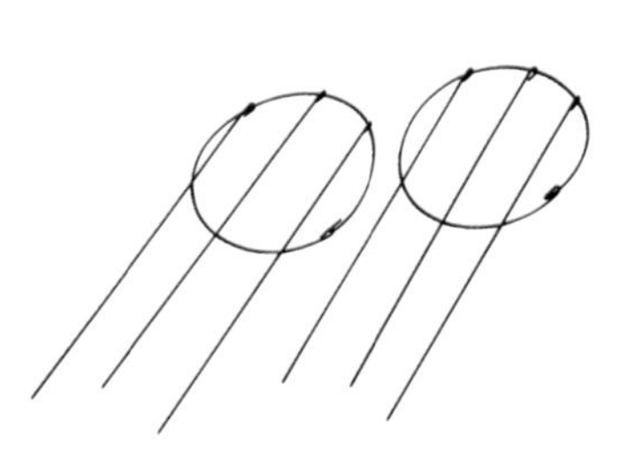

防挂叶环状支架

使用时将植物套在环形里面。适用于枝叶舒展的花草和叶片垂挂没有支撑的花草。

牵引绳的系法

通常用麻绳或者塑料绳牵引，系得过紧会损伤植株，因此在植物的茎上只需松松缠绕，在支架上则可系得结实一些。

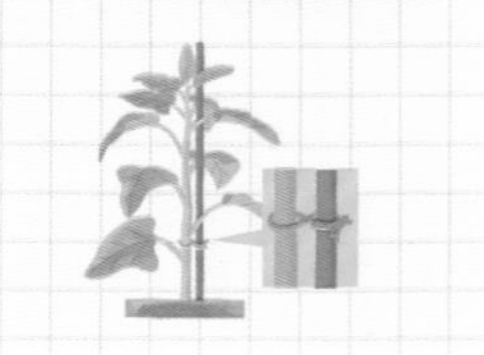

主要支架的立法

西洋兰的支架

西洋兰的花茎易折断且易倒伏，因此需要细细的棒状支架的支持。加铁丝的氯化塑料支架可以根据花茎的走向改变形状。

兜兰

标准式支架

标准式花草的专用支架。能够支撑沉重的上部，让花朵看上去更加美丽。

“标准式”蔷薇

观叶植物的支架

细根缠绕形成的桫椤支架和棕榈树皮缠裹的支架，和观叶植物最为相称。

桫椤支架

合果芋

蔓性植物的支架

交差形支架能够完美容纳羽衣素馨等植物的藤蔓，而灯笼形支架则更能够有效地立体呈现牵牛花的魅力。

铁线莲的交差型支架（右图）和牵牛花的灯笼形支架

蔬菜的支架

通过将棒状支架组装形成的合掌式支架和交叉式支架，能够防止蔬菜的果实落在地面沾染污垢，方便以后的收获工作。

茄子的交差式支架（右图）和黄瓜的合掌式支架

铁线莲的牵引要点

牵引铁线莲的最佳时期，是藤蔓长硬定型之前的12月到来年1月。用网状物牵引时，关键在于尽可能地向水平方向引导藤蔓。同样，为了让植物开出更多花朵，可以借助交差形、灯笼形、圆锥状的方形尖顶形等支架，让藤蔓呈螺旋状缓慢向外延伸。

用栅栏做牵引的铁线莲

盛花期过后

花开最盛期过后，花朵数量减少，光景萧条，花草也风姿不再，让人难有驻足观赏的热情。在这里介绍一个方法，让花草重现生机，回复往日风采。消除病虫害、悉心照料脆弱而美丽的花草吧。

摘除花蒂

▶ 摘除花蒂时一并摘除子房

将枯萎却未脱落的花蒂摘除，称为“摘除花蒂”。未及时清理的花蒂会吸收养分，导致植物不开花，或者即便开花也只能开出极小的花朵。此外，发霉的花蒂会成为病虫害的温床，因此一旦发现枯萎的花蒂，一定要及时摘除。

花草的种类不同，摘除的方法也不一样。关键在于一定要在摘除花蒂的同时将雄蕊下面的鼓起的部分（子房）一并摘除，因为仅仅只是摘除花蒂并不能阻止其结实。一般情况下可用手摘除，如果用剪刀，一定要给刃口消毒（详见P33）。

摘除花蒂的步骤

摘除花蒂前的天竺葵。即便单朵的花开得极为美丽，一旦出现残败的花蒂，难免让人觉得煞风景。为了让植物一直保持在最美丽的状态，一定要勤快摘除花蒂哦。

1 一个花序（花序轴及其着生在上面的花的通称）中，有几朵枯萎的花。

2 将枯萎的花连同子房一起摘除，注意不要损伤其余的花朵。

3 花蒂摘除后，整个花序变得清爽干净。

4 若花序已经枯萎了七八成，就要从根部起剪下。

摘除花蒂方法

花的长法和开法不同，摘除花蒂的位置和方法也不一样。
用力牵扯花茎可能造成根部松动甚至断折。为防损伤根部，一定要小心操作直至熟练掌握摘除方法。

郁金香

用手折断花和花茎的分界处。花茎有助于光合作用，因此要保留。水仙与百合同理操作。

矮牵牛

摘除整个花茎。窍门在于按住植株，手拿住花茎根部将其摘下。三色堇与堇菜同理操作。

仙客来

从褪色的花开始摘除花蒂。手握花茎根部，一边拧一边将其拽断。

微型月季

用剪刀剪掉五枚叶片中的三四枚。这样一来新芽可以从保留的叶片根部长出。

绣球花

趁花瓣未凋落之前，从花根处剪断。杜鹃花、太阳凤仙花和牡丹同理操作。

一串红

因为开花的顺序是从下至上，所以当最顶上的花开过之后，剪除整个花穗。

风信子

用手摘除花蒂，剪断花茎留下的伤口容易让植物生病。

要留心掉落的花瓣

掉落在叶片上的残花会成为病虫害的温床。枯萎后沾附在叶片上的残花很难清理，因此尽可能在其还新鲜的时候就清除，尤其是花瓣和花朵数量较多的情况下。最好是在凋落之前就将残败的花蒂摘除。如果发现残留在花茎上的子房，也要一并摘除。

花蒂掉落枯萎、叶片受到污染损伤的太阳凤仙花。

短截

▶ 剪短花茎、增加花芽

如果不加打理，花期较长的一年生草本植物和多年生草本植物会变得形态杂乱，看上去没有精神，花朵数量减少，开花的位置也会失去平衡。这时就需要进行“短截”，将生长过度的茎和枝杈剪短。

通过短截不仅能修整花草的形态，和摘心（详见P90）一样，它还能够增加腋芽和枝杈上花芽的数量，从而促使花草再次迎来繁盛的花期。此外，光照和通风条件得到改善，能够应对梅雨时节和夏天的闷湿，故短截也不失为一条有效的病虫害防治对策。

短截时保留部分的长度大约为整体长度的1/2～1/3。刚开始做短截时可能需要一定的勇气，果断勇敢地拿起剪刀吧。需要注意的是，为使腋芽生长，一定要在节（长有叶片的部分）以上的位置截断。短截作业后，给植物施些缓效肥料，然后充分浇水。并且要将植物放置在避免阳光直射的地方照料，直至恢复以往的生长势头。

适合短截的花草

茎生长过度以至下垂的植物

凤仙花、匍匐牵牛、金莲花、矮牵牛等（短截步骤详见右页）。

矮牵牛

植株向上生长的植物

金鱼草、孔雀紫菀、宿根鼠尾草、柳穿鱼等。开花后，在离地面一二十厘米处剪断。可防止再度开花时植物倒伏。

宿根鼠尾草

草金鱼草

茎的基部木质化的多年生草本植物

金露花、茼蒿菊、黄金菊、迷迭香等。剪短绿色茎长出腋芽的部分，而非木质化的茶褐色茎。

茼蒿菊

不需要短截的花草

花期较短的一年生草本植物和报春花这样的株高较矮的多年生草本植物不需要进行短截。此外，像针叶天蓝绣球、松叶菊这样枝杈向外扩展延伸的花草，一般也不需要短截。

报春花

松叶菊

针叶天蓝绣球

匍匐牵牛

短截的步骤

有些种类的植物的花长在茎的前端，随着茎的延伸花朵的布局也会变得分散，观感上失去平衡。通过短截，能让植物再次开出繁盛的花朵，使得整体布局更加合理美观。

1 茎生长过度，失去平衡时，进行短截。

2 顺着花盆的边缘剪断延伸出来的花茎。中间部分保留三四厘米的高度。

3 保留腋芽（左图），小心地剪除结种的花茎和花芽以及受损伤的叶片。

4 追加施缓效肥料，不要有遗漏。

5 充分浇水，直至有水从盆底流出。

6 干净清爽的植株。一周内避免阳光直射。

短截10天后

植物繁盛如初，重新焕发生机。

采种

大部分的植物在开花后都会结出种子。收集这些种子即为“采种”。从自己所种的植物采种，再将这些种子播下并重新培育，也不失为一件乐事。请一定要尝试和挑战一下。

种子成熟后会落到地面上，或者以风或动物为媒介传播到其他地方，其生长范围也会扩大。这时候，为防止种子流失扩散而进行采种，就显得非常重要。例如，将厨房用的沥水网罩在植株上，可以保护那些绽开后会向四面飞迸的种子，还有被鸟类当成食物盯上的种子。

虽然山茶和山茶花是个例外，但绝大多数的植物的种子都需要充分干燥后再进行保存。另外，堇菜等野菜和野生植物在采种之后如不及时播种，种子很可能会难以发芽，因此在采种之后要立即种下，即为“现种”。其他的种子好好保存，留待下一季使用即可（关于保存方法和种子的寿命详见P71）。

采种的方法

提前套袋

在种子成熟前将沥水网套在植物上，种子成熟后会自动落在网袋中。取袋收种即可。

提前采摘

当豆荚和种子开始变为茶色时将其摘下，放进纸袋或箱子里使其成熟。

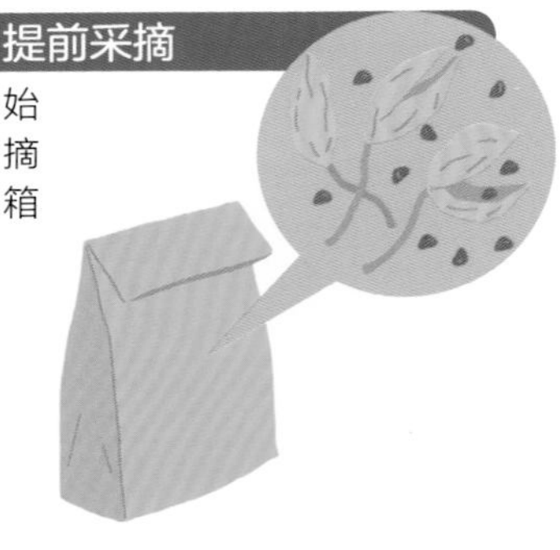

“F1”品种：只限这一代

将不同性质的种类进行杂交得到的新品种被称为“F1”。又被称为“××杂交”或“一代杂交品种”。其特征是同代植物的生长均一，但要注意的是，即便从由F1的种子培育而来的植物那里采种，也无法培育出相同性状的植物。但是，通过培育从F1那里采集来的种子 F2，究竟最终能欣赏到什么样的花、收获到什么样的果实，对于种植者来说自有别样的期待和乐趣。

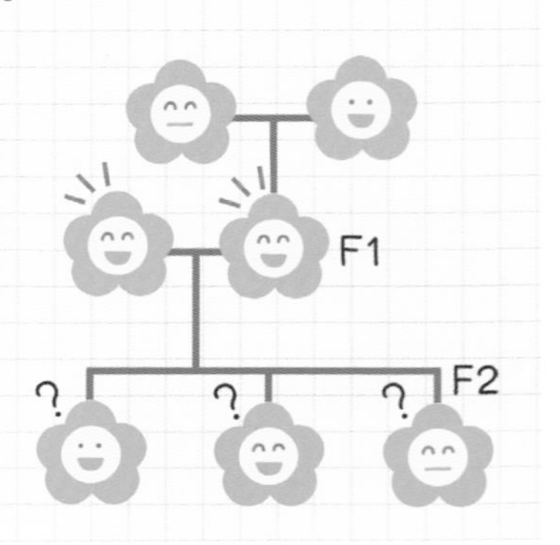

向日葵 采种的步骤

采集的种子未必能开出和母株一样的花朵，但是将不同世代连接在一起也是园艺的一大趣味所在。将成熟的种子收集后，充分干燥，然后保存在冰箱里。

1 等待种子成熟。待茎叶枯萎、花盘完全向下时剪断花和花茎的分界处。

花盘逐日昂首。

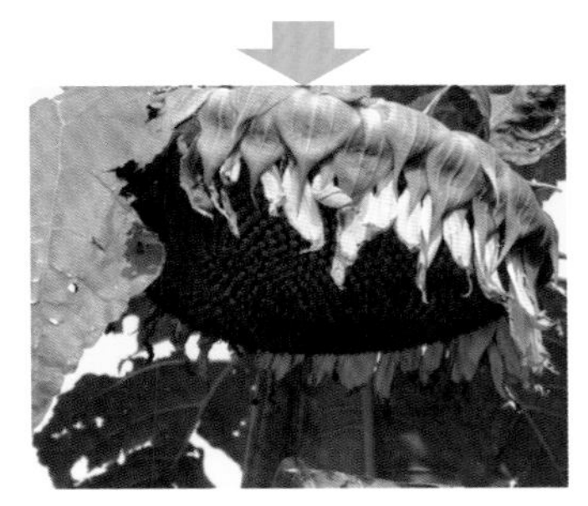

即便花盘向下，但茎叶仍旧青葱，采种为时尚早。

种子成熟，在重力的作用下花盘完全朝向地面，此时为最佳收获期。

2 将摘下的花盘置于通风条件好且不受雨淋的地方，直至其完全干燥。

3 用手或者棍子将种子掏出。触摸种子，挑出中空的种子。

4 将种子装进带密封袋中保存，标注好花的名称、品种名、花色和采种日期等。

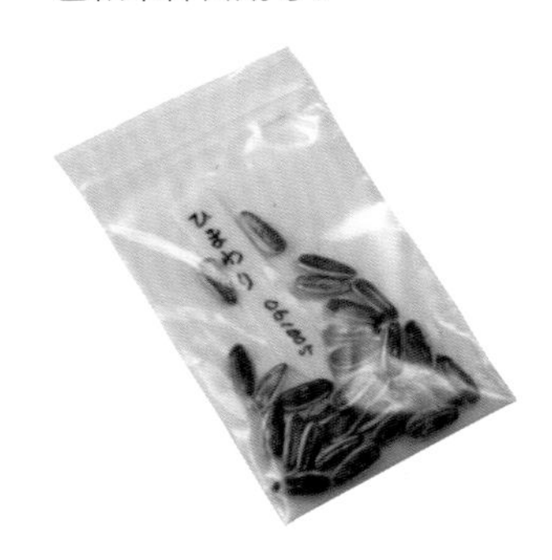

由采集的种子培育出的花苗。

移植

▶ 移植到大一号的容器中

“移植”就是将花苗转移到其他地方或者其他花盆里，这里指的是将长成的植株移植到其他地方或者大一号的花盆中。

如果将多年生草本植物长期种植在花盆里，花朵数量可能减少、叶片颜色会暗淡、没有精神。主要是因为花盆的空间被植物的根茎塞满、导致其无法很好地吸收水分和养分，即出现所谓的“满根”现象。这时候，就需要更换新的花土和花盆，让植物重新焕发生机。

移植一般在花草生长状况稳定（秋天或春天）的时期进行。对于西洋兰来说，春天开始长新芽的时节最为合适。移植用的花盆要比当下使用的花盆大一号。一定要注意，如果新的花盆过大，植物会优先生长根部，导致地上部分的生长发育迟缓。

另外，关于球根植物的移植，详见P110。

花草发出的移植信号

- 根茎从花盆底部长出，且变为茶色。
- 浇水时，水无法立刻从盆底流出，花盆变形。
- 植株生长过大，花盆不稳，植物的生长状况也不理想。

花坛里多年生草本植物的移植时期

花坛里的多年生草本植物需要待其长为大株，一般以3~5年为期限来移植。为了让其长为大株，一定要在幼芽开始萌动的初春和地上部分开始枯萎的秋天，给植株施用缓效肥料。

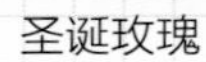

圣诞玫瑰

百子莲

蓝雏菊 移植的步骤

发现移植的信号时，就将植物移植到大一号的花盆中吧。

*如果不希望植物继续长大，将地面部分短截至1/3，伸长的根部也要切断，然后将其移植到相同大小的花盆中。

1 从花盆中拔出植株，用手耙松开1/3的根部，然后切断。

2 在保证贮水空间的前提下，向大一号的花盆中加入花土，植株放在花盆的中间。

3 在植株周围加花土，并用一次性筷子轻轻振动花根，让花土填满根部空隙。

4 清除枯萎的茎叶，保留1/3的地面部分，其余全部短截。

重生的蓝雏菊。经过移植，花朵布局也更加理想。

西洋兰的移植

西洋兰的栽种材料会在大约两年后劣化，因此需要尽早移植。对于兰花来说，关键在于将其移植到大一号的花盆中，并留出供新芽生长的空间。

1 将植株从花盆中拔出。配合新花盆的尺寸，用消过毒的刀切断土裹根的下部。

2 用一次性筷子将混合肥料（树皮和轻石等混合而成的肥料）充分压入花土中。

增株的方法

大株的多年生草本植物，需要根据实际情况进行移植（P104）。为使其恢复生机，要将根和球根等分割，让整个植株变得紧凑小巧。这时候，如果能很好地利用分割下来的根和球根，就能很简单地实现增株。

根据芽和地下茎分株

▶ 移植的时候进行分株

枝叶繁茂的大株多年生草本植物，由于植株内闷湿、通风透气条件差，故易受病虫害的侵扰。此外，枝叶之间会抢夺养分，导致植物生长衰弱，开花情况不理想。因此需要每隔3～5年将植株挖出进行移植。将单棵的植株分为数棵来增加株数，就是所谓的“分株”。如果原本的植株（母株）虚弱，不妨用分出来的健康的子株代替母株。但是，像打破碗花或大吴风草等这样适合于大株欣赏的花草，就不必执着于分株了。

花草的种类和生长发育方式不同，分株的方法也不尽相同。为防止植物感染疾病，请尽量用手分株。如果使用剪刀，操作前一定要消毒（消毒方法详见P33）。

不同的分株方法

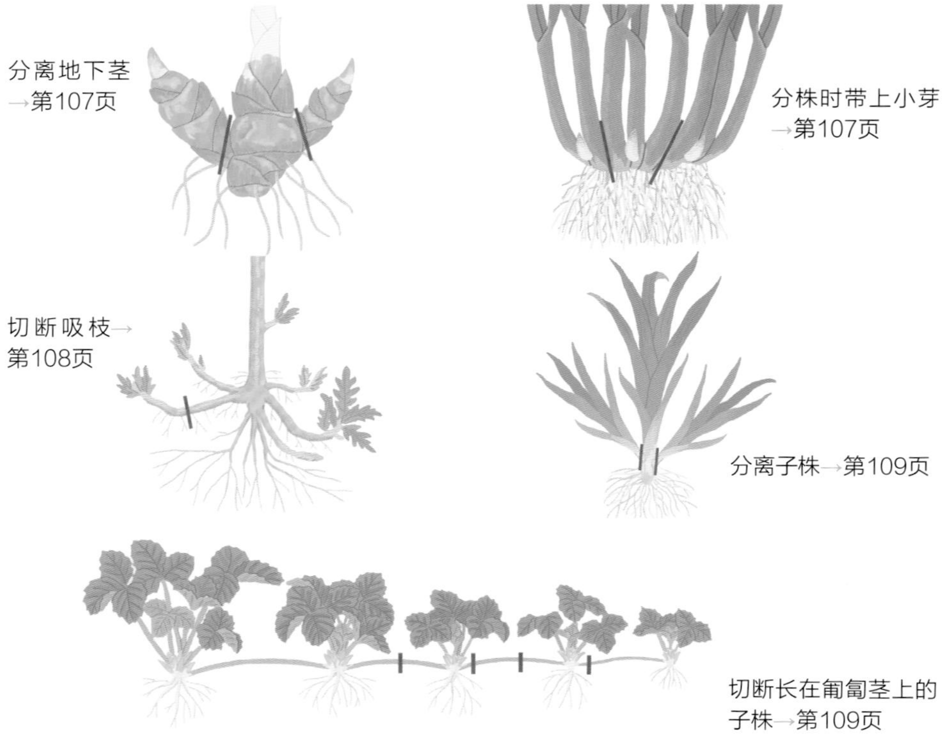

分离地下茎→第107页

分株时带上小芽→第107页

切断吸枝→第108页

分离子株→第109页

切断长在匍匐茎上的子株→第109页

分株的方法和步骤①

分离地下茎

玉簪花、德国鸢尾、白芨、铃兰、日本菖蒲等

花坛栽培的德国鸢尾

1 小心掘起植株，抖落泥土，注意不要损伤根茎。

2 用手分离新长出的长有新芽的根茎。

3 挖一只浅坑，让根茎卧倒在其中，定植时将半边根茎露出地面。如果花土比较湿润，定植后不要立即浇水，防止腐烂。

*定植到花坛前的工序，详见58页。

分株时带上小芽

植株周围长出新芽的类型

紫君子兰、大丁草花、圣诞玫瑰、多花报春等

花盆栽培的多花报春

1 将植株从花盆中拔出，抖落旧土之后，用一次性筷子小心地松解根茎。

2 用手小心地分株，一定要保证每株都带上2～3枚新芽。

3 加入营养土，保证贮水空间的同时不能将花芽埋没。最后，充分浇水。

*定植到花盆前的工序，详见P62。

根据吸枝、子株和匍匐茎分株

▶ 分株的方法由花芽来决定

菊花和珍珠菜等植物的地下茎在长出花芽时会横向延伸。这种横向延伸的地下茎和花芽被称为“吸枝”。

原本的植株被称为“母株”，而草莓和吊兰等植物会从母株上长出长长的藤蔓，形成新的植株（子株）。这种藤蔓被称为“匍匐茎”。

仙客来和非洲紫罗兰等植物在开过一次花之后，母株就会枯萎。因此它们是直接在母株的基部形成子株，而不是通过延伸吸枝和匍匐茎。

如上所述，花草种类不同，花芽和子株的长法也会不同。所以要用各自适合的方法将花芽和子株从母株分离，然后用合适的花土将其定植。

分株之后，将植株置于半背阴处保养。在根茎扎实之前，让植物避开大雨或强风，如若植株松动，可加支架支撑。

分株的方法和步骤②

切断吸枝

如果要给长出吸枝的植物分株，花坛栽培的建议每3年一次、花盆栽培的每年一次。挖出植株，确认吸枝上长出根之后，将吸枝切断。

菊、打破碗花、宿根紫菀、珍珠菜等

秋菊的子株（左图）。切断子株并令其吸饱水之后，一棵棵插在插扦床上。

秋菊在秋天开花，花开过后，吸枝长出。到了冬天，子株呈辐射状。12月上旬，贴着地面将开过花的茎切断。确认植物的根已长出后将其挖出，切下子株并保留其根部。离母株较近的子株和生长过度的子株，因为已经老化，难再生根，不适合做插穗（详见P112）。

珍珠菜的全部子株都可以使用。小心地剪下子株作插穗用，注意不要损伤芽和根。

分株的方法和步骤③

分离子株

对于母株周围长有子株的植物类型，可多次更新植株并进行分株。挖出植株，注意不要损伤根部，从基部坚硬部位的根部将其折下，或者借助消过毒的刀子分离。

凤梨属、果子蔓、仙客来、非洲紫罗兰等

果子蔓要从子株的基部起将其折下。母株得到妥善保养的话，还能再次长出子株。用充分湿润的泥炭藓包裹住子株的根部，再用橡皮圈固定，然后栽种到容器中。

1 挖出非洲紫罗兰时，注意不要损伤附在母株上的子株，并将旧土和残根抖落。然后用消过毒的剪刀将子株分离，注意不要损伤其基部。

2 用一次性筷子在潮湿的蛭石中开穴，然后将子株的基部插入其中定植。

切断长在匍匐茎上的子株

有些植物会长出匍匐茎，然后在匍匐茎的节上发芽长出子株。草莓等种植在地里的植物扎根很快，所以要在开花之前将其切离。

草莓、虎耳草、吊兰等

1 当吊兰的子株长出约2厘米长的根时，用消过毒的剪刀从匍匐茎的根部起将其剪断。

2 将其定植在观叶植物用的营养土里，充分浇水。

还有一种方法，在草莓的子株扎根之前，将子株放在装有花土的花盆中。当子株长出3~5枚真叶时，从母株起数到第2~4棵子株，然后将其剪下。避免选择离母株较近的子株是因为它可能感染疾病或者因老化而难以再扎根。

分株后的管理

分株后的花苗易受到强烈的日光和风雨的侵害。如果植株出现松动，可加立支撑物后，将其置于半背阴处，直至其扎下根。待土壤表面干燥时，充分浇水，直至有水从盆底流出。待植物扎下根后，将其置于阳光下，然后正常施用追肥即可。

分球

▶ 重视叶片，开花后莫忘施加礼肥

球根分离数量增加或将增加的球根分离，称为“分球”。当分球过程中球根整体变得粗大时，土壤下空间拥挤，球根争夺养分，会导致叶片的颜色暗淡、开花也不理想。因此需要将球根挖出后分球，然后再行移植。将分离出来的球根（子球）种下，就可以增加植物的棵数。

若要增加球根，让子球能够充分生长是非常重要的。花期过后，子球会蓄积叶片的养分和从根部吸收的养分，不断壮大自己。所以即便在花期过后，也要用心对待叶片，并且牢记施加礼肥——这是一件非常重要的事情。此外，摘除花蒂的作业也不能疏忽，因为当种子长出，养分便会无法输送到球根处。

一般来说，种植在花坛里的春植球根需每3～4年挖出一次，花盆种植则需每年一次，雪花莲、麝香兰等小型球根则没有必要每年都挖出。

主要的球根增加方法

自然分离

旧球根（母球）的周围长出新的球根（子球）。子球生长，会自然进行分球。

水仙、郁金香、朱顶兰等

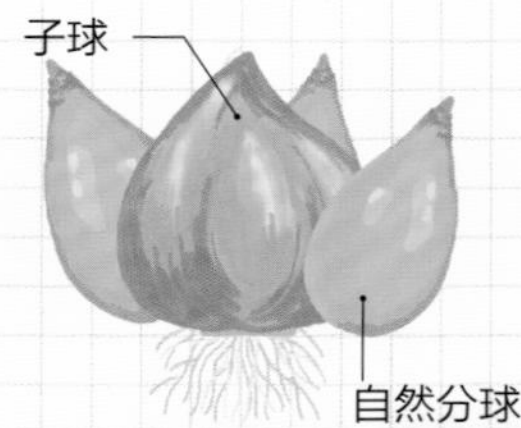

切开分离

子球长在旧茎的根部。在长芽部分以上的位置将其切下进行分离。

大丽花、毛茛等

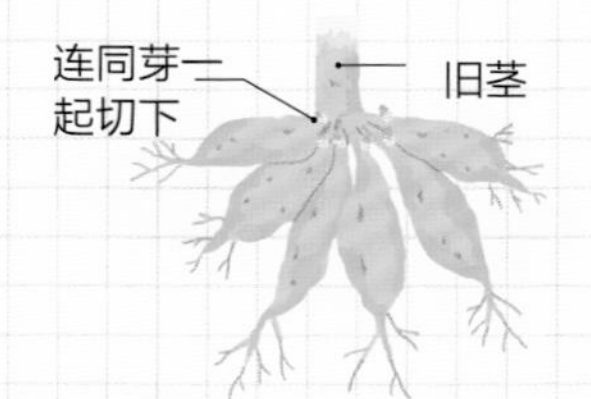

珠芽繁殖

子球长在母球的上方，周围生长着小球根。将母球摘下，使之与子球和珠芽。

唐菖蒲、番红花等

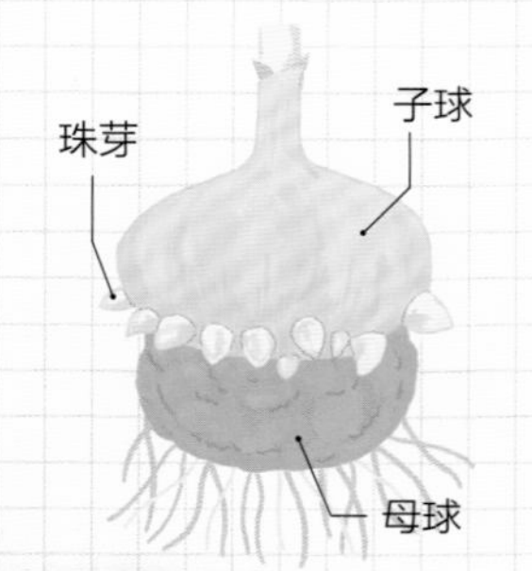

美人蕉会在横向延伸的球根前端长芽。分球时确认好芽已长出后，再将其切开（操作方法详见P107“花坛栽培的德国鸢尾”）

将干瘪的母球摘下

虽因种类而异，但子球开花一般需要2~5年。

朱顶兰　分球的步骤

当子球数量增加，花盆的空间被占满时，就需要分球。花期结束的秋天就是朱顶兰分球的最佳时期。开始分球作业的一周前停止浇水，待土壤略干燥时挖出球根，因为此时最不易损伤根部。

1 将朱顶兰从花盆中拔出（若拔不出来可用木槌敲击花盆的边缘）。

* 关于定值前的工序，详见 P62。

2 清除旧茎和残叶，去掉泥土，注意不要损伤根部，松解根部，将母球和子球分离。

3 选择放进球根后还能保证有两三厘米空间的花盆，展开根茎，将球根定植在其中。球根易受损伤，所以要浅植，并保证有2/3的球根露于地面。

4 充分浇水，注意避开球根。

球根的储藏方法

从挖出的球根中挑选未受病虫害侵袭的健康球根储藏（如何辨别健康的球根详见P83）。储藏方法主要有两个。储藏郁金香和唐菖蒲等的球根时要保持干燥状态，而百合、大丽花和美人蕉等植物若过于干燥，其生长发育能力会变差，因此要在湿润的状态下储藏。

湿润储藏

清除枯萎的茎叶和根后，将尚未分离的球根埋进装有湿润蛭石的容器中，并放在不会结冰的地方。

干燥储藏

待挖出的球根完全干燥后，清理掉茎叶。可分球的则进行分球，装入网袋后，保存在通风条件好的地方。

插枝、插芽

▶ 培育和母株同色同形的花苗

将截取下的枝、茎、叶、根等插在花土中，使其重新发芽长根的作业被称为“插枝”。这是一种增加植物数量的方法，用于树木时被称为插枝，花草则被称为“插芽”。用于插枝（芽）的枝或茎被称为“插穗”。不必刻意准备，摘心（详见P90）或短截（详见P100）时得来的枝或茎就可以派上用场。比起从种子阶段开始培育，插枝（芽）所需时间较短，而且最大的特点是能够培育出与母株相同颜色和形状的花苗。

挑选用作插穗的枝或茎时，要选择那些没有病虫害的健康植株。一般来说，树木插穗的长度大约为10厘米，花草长度在5厘米左右。高约10厘米的浅盆或塑料花盆适合作为插扦床的容器。最好选择排水性优、肥料成分较少的环保花土。将插穗插到地里之前，在切口处沾些水使其吸收水分，也就是进行所谓的“吸水”。如果插穗难以长根，可以使用市面上销售的生根促进剂。

各种各样的插枝（芽）方法

插茎

将顶芽以下的茎切下作为插穗。“伏茎”的方法即让茎躺倒在土壤中。

龙血树的插茎。将底叶掉落的茎切分，插扦时注意不要弄错方向。

插叶

将在节的位置被截下的叶片作为插穗的方法。分为整叶插和碎叶插。

非洲堇的整叶插。将叶片和叶柄整个摘下插扞，保证叶片根部没于土壤中。

大岩桐的碎叶插。将一枚整叶切分开作为插穗。即使叶片躺倒，也能长出根来。

插根

将切分的根作为插穗。“伏根”即让根躺倒在土壤中。

阿婆伊桔梗的伏根。将粗根切成约 3 厘米长，放倒后覆盖上约 5 厘米厚的土壤。

插枝（茎）

将枝（茎）作为插穗时。使用尚未长出新芽的枝杈的方法叫作休眠插，而使用处于生长过程中的新枝的方法叫作绿枝插。

绣球花的绿枝插。剪下多余的叶片，将枝杈中间的两节作为插穗。

◀菊花的天芽插。一种插枝方法。将长有生长点的枝杈作为插穗。

天竺葵 插枝（芽）的步骤

插枝（芽）的最佳时期因植物种类而异，但多以梅雨和入秋时节为宜。尽可能从健康的年轻植株上选取插穗，更容易生根。

1 梅雨时节，插穗易腐烂，所以要先放置一天，待其干燥。

2 剪下插穗时，保留几枚顶部的叶片，倾斜的切口有助于插穗吸收水分。

3 将切口浸于水中一个小时使其吸水。生根促进剂可事先溶于水中，或者在切口吸水后涂在切口处。

4 用一次性筷子在湿润的插扦床上开穴，保证叶片之间不会重合或遮挡。

5 将插穗插在穴中，然后轻轻按压根部。从花盆边缘处借力可使其更加稳固。

6 最后充分浇水，并将残留在钵底皿中的积水倒掉。之后可进行“密闭插”，即用塑料袋将花盆整个覆盖住。这样做可增加花盆内的湿度，从而抑制叶片水分的蒸发。保温效果使得植物更易生根。

当用塑料花盆作插扦床时，在花盆中间位置只插一株插穗。因为不必担心和其他花苗和根茎纠缠在一起，所以移植很方便。

日后的管理和“换盆”的时机

植物的种类不同，情况也会不一样，但大多数植物扎根需要一个月以上的时间。在植物生根前，将其放置在阳光无法直射，且不受风吹的半背阴处。花土表面干燥时浇水，一点点增加其接受光照的时间。当白色根从钵底探出、新芽长出时，将其移植到花钵或者塑料花盆中。

确认植物已经充分生根后，再进行“换盆”。图示为菊。

季节管理

潮湿黏腻的梅雨、烈日当空的夏天、冷风呼啸的寒冬……究竟怎样才能让花草们过得尽可能舒适呢？

越夏

▶ 尽早短截以防闷湿

梅雨时节空气中湿度较大，地面难以干燥，所以此时的植物易受烂根和病虫害的侵袭。梅雨过后，紧接着就是高温多湿的夏季，因光照不足而疯长的植株很可能受到强风暴雨的直接伤害。为避免出现这样的情况，因尽早进行短截作业，以防止闷湿和倒伏。

花坛种植时可用稻草和树皮等作为地膜来护根，防止溅泥，夏天的傍晚，通过洒水来降低地面温度。给株高较低的植物覆盖上冷布，给较高的植物加立支撑物来应对台风天气。花盆种植时，将花盆转移到不受风雨侵袭的场所，摆放时注意留好间隔，保证通风。此外，如果一开始就选择越夏能力强的花草（详见P115“耐酷暑的花草”），后续就不必过多担心了。

梅雨时节的应对法

● 在花盆和地面之间留出空隙，改善通风条件。

除图示花架之外，花盆座也是一个不错的选择。

● 将整体约2/3的长度截掉，尽可能防止闷湿。

● 将开花中的植物转移到屋檐下，避免雨淋。

大丽花等植物的茎部是中空的，为防止雨水通过切口进入，可用铝箔包住切口。

● 雨水残积会引起烂根，所以要拿掉花盆碟。

酷暑和光照的应对法

● 在早晚气温较低的时候，给庭院或者花盆的周围洒水。

● 借助苇帘、冷布和遮光网等遮蔽西晒。或者将花盆转移到庭院木的背阴处。

● 用铝箔包裹住塑料花盆。

● 将花盆放进大两号的容器里，空隙处用轻石、泥炭藓等塞满，涵养水分。

● 将小花盆放到由冷布和遮光网制成的棚子里集中管理。

耐酷暑的花草

俄罗斯向日葵

羽毛鸡冠花

- 牵牛花
- 美人蕉
- 天竺葵
- 金莲花
- 马鞭草
- 马齿苋
- 松叶菊
- 帝王菊、马缨丹
- 卷丹
- 鸡冠花
- 千日红
- 长春花
- 向日葵
- 茼蒿菊
- 大花马齿苋

过冬

●将花盆移到室内

植物能够承受的温度由其种类而定。原产于热带或亚热带的植物不耐寒冷，遇到低温甚至会枯死。如果用花盆栽培，还是尽早将其转移到室内避寒。另外，即便是耐寒性较强的花草，遭遇寒风时也有可能出现茎叶受损、受伤部位枯萎的情况。将植物转移到光照条件好的地方，尽可能避开北风才是上策。

至于室内的放置场所，明亮的窗边是首选。但是，这个位置到了夜里温度会降低，所以要关上防雨门板或者将其转移到远离窗户的地方。有些花盆无法拿进室内，可将其转移到光照条件好且不受风雨侵袭的地方。浇水要在气温升高的上午进行，但是要注意，冬季植物生长发育迟缓，故浇水不可过量。另一方面，花盆在温暖的室内容易干燥，所以要充分浇水（详见P88）。

此外，下页中还列举了适于花盆栽培的冬季开花型花草，可供参考。

花坛的防寒对策

塑料大棚

布置好大棚用的支架，然后覆上透明的塑料薄膜（白天大棚的温度会变得很高，所以要将薄膜的下摆掀起）。

落叶护根法

铺上厚厚的落叶，抵御干燥和霜柱。

球根植物的护根法

对于刚出芽的郁金香等植物，可用稻草和腐叶土铺满植株根部，而对于美人蕉、姜和大丽花等植物，则要在拢起土堆后盖上塑料袋。

塑料瓶保温罩

用底部被剪下的塑料瓶套住植物，适用于小棵植株应对寒风。在瓶身上开一处通风口，并使通风口朝南。

容器栽培的防寒对策

室内

将观叶植物、西洋兰、杜鹃花和仙客来等植物放置在光照条件好的窗边。

将小花盆集中放在保温效果好的小植物栽培盆（玻璃容器）中，然后摆放在窗边。

户外

用无纺布将整体覆盖（无纺布的通气性好，因此无需像塑料薄膜那样在白天掀起下摆）。

如果是大型花盆，则用开有通气口的塑料袋覆盖。

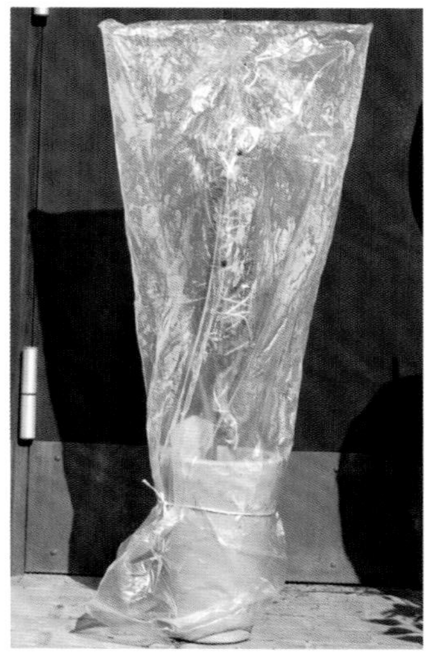

制作塑料薄膜房（白天房内温度高，因此需要打开罩子，及至傍晚再合上）。

适合花盆栽培的冬季开花型花草

- 蓝眼菊
- 杂色菊
- 金盏菊
- 铁苋菜
- 金盏花
- 黑儿波
- 香荠
- 雏菊
- 三色堇
- 堇菜
- 多花报春水仙

天气好时享受日光浴！

偶尔在天气好的日子里，将置于室内的花盆搬到屋外，让花草享受一下美好的日光浴。

专栏

每月主要的园艺作业

想让花草健康生长，必须遵守在合适的时候播种、植苗的规律。
如果不知道在何时该进行什么作业，可参照下表大致确认一下。

1月	制定年度计划 粗耕花坛里的土壤
2月	改良土壤、制作营养土 给长芽的秋植球根施加出芽肥
3月	秋播一年生草本植物的种植 春植球根的定植（3～6月） 多年生草本植物的出芽肥
4月	春播一年生草本植物的播种（4～6月） 夏～秋开花的多年生草本植物的分株、礼肥 春植球根的种植（4～6月） 秋植球根的礼肥（4～5月）
5月	春播一年生草本植物的种植（5～6月） 秋播一年生草本植物的采种（5～6月） 挖出夏植球根 花开过后，多年生草本植物的礼肥
6月	梅雨天气应对法、杂草·病虫害应对法 挖出秋植球根
7月	越夏对策 多年生草本植物的短截 春植球根的礼肥（7～9月）
8月	台风、干燥应对法 夏植球根的种植（8～9月）
9月	春播一年生草本植物的采种（9～10月） 秋播一年生草本植物的播种（9～10月） 春开多年生草本植物的分株（9～10月）
10月	挖出春植球根（10～11月） 夏植球根的礼肥 秋植球根的种植
11月	防霜、越冬对策（11～3月）
12月	制作腐叶土 秋播一年生草本植物的追肥

面向初学者的园艺课堂

一边种养花草，一边打理院子。

从最初的计划开始，到最终完成一个小巧且符合自己期待的庭院，是一件快乐的事情。

将不同的花草组合，欣赏应季的各色花朵，打造治愈身心的美好场所吧。

大胆构想花园

即便是很小的空间，只要常年有各色花朵盛开，就能让整个庭院瞬间变得明媚动人。在园艺工作开始之前，先在大脑中尽情畅想花草的颜色，确定自己究竟想要拥有一个怎样氛围的庭院。

▶ 为了实现所想

在一切开始之前，首先在脑海里构思一个大致的轮廓，即自己究竟想要什么样的庭院。比如说，四季都有各色花朵盛开、香气弥漫治愈心灵、还能享受收获的乐趣的庭院。确定构思之后，下一步就是具体选择植物的种类和颜色。这里一定要慎重，因为庭院给人的印象就是由颜色来决定的。

有一个能够确保配色万无一失的方法，那就是先确定主题颜色，然后选择同色系颜色的花草。将适合春天的粉色选作主题颜色时，如果想让整体变得典雅有致，可以以淡粉和白色为中心，搭配一些明亮的颜色。如果希望现代时尚一点的话，可以以深粉和紫色为中心，还可以在粉色的基础之上添加些红色、白色和紫色，演绎华丽热闹的氛围。窍门在于用同一种颜色的浓淡和变化来协调整体的花色。

温柔可爱的柔色系花坛

淡蓝、淡粉和淡黄等接近于白色、且明亮度较高的颜色的组合，属于柔色系搭配。这种浅淡温和的配色主要用于装饰春天的花坛。其特点在于配色温和，但是容易让人觉得单调。

在绿色的观叶植物前面种满分量十足的麦仙翁，就能得到一个以粉色为中心的可爱花坛。

花穗较大的粉色风信子搭配上花穗较小的紫色麝香兰，再用极小片的白色水仙点缀，就完成了一个具有现代气息的球根植物集合。

色相环

在计划配色时，使用色相环更有助于理解。相邻的颜色为同色系，相对位置的颜色为互补色。外环的颜色最浓重鲜艳，带些白色的内环颜色则为浅色。

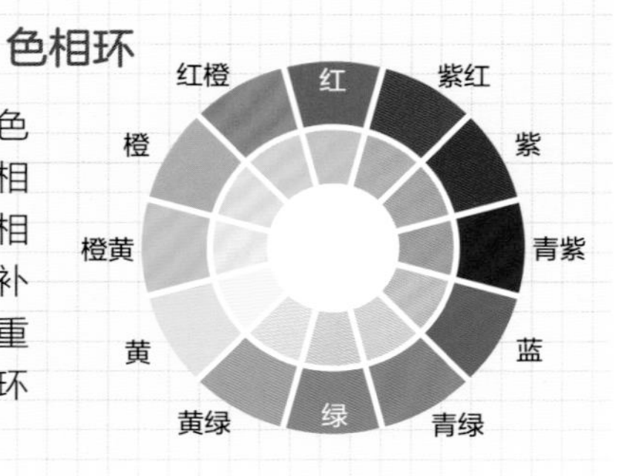

典雅有致的同色系花坛

所谓同色系配色，意思是将不同明亮度的同种颜色搭配在一起，例如，如果选择的是红色，则以深浅不一的各种红色相配。有“白色花园”、“蓝色花园”和“黄色花园”等不同类型的花园，关键是缔造出层次感。

初夏白色花园，以白色的洋地黄为中心，前面配上瓜叶菊、三色堇和白菊，后面点缀上小朵的白色蔓蔷薇。

紫色调的花坛，玉簪花的大叶片为重点，将猫薄荷、翠雀和盆栽天芥菜的花色统一。

有个性的互补色花坛

互补色指的是处于色相环上相对位置上的、色差较大的颜色之间的组合，如黄色和紫色、蓝色和橙色等。运用互补色可以营造出反差强烈的、具有个性的花坛。选定其中一个作为主角，保持两种颜色所占比例，通过瓜叶菊等花草的中间色叶子来缓和两色的反差，可以使花坛整体更加雅致。

在橘色的金盏花下种满蓝色的琉璃唐草。这两种颜色的搭配很难驾驭，但是琉璃唐草的轻浅通透的蓝色能给人一种清爽感。

郁金香和勿忘我草的组合是春天的固定搭配。两种花的颜色对比十分强烈，但是因为株高错落有致，所以反差得以缓和。图示郁金香的品种为波叶郁金香。

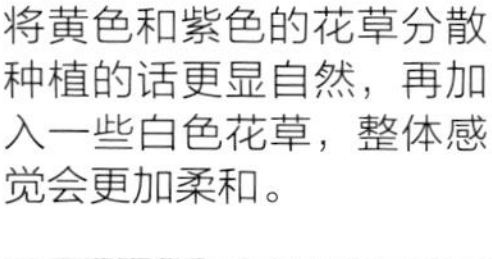

将黄色和紫色的花草分散种植的话更显自然，再加入一些白色花草，整体感觉会更加柔和。

五彩缤纷的艳色调花坛

艳色调指的是，以原色为中心的、种类丰富且鲜明的色彩的组合。这些由具有跳跃感的颜色组合，即便从远处看也十分醒目，能够将小小的空间演绎得个性十足。零碎的小花还是不要在这里使用为好。

鸡冠花的红色与黄色、金光菊的橘黄、马鞭草的粉色、彩叶的锦紫苏。只有在夏天才能欣赏到的色彩绽放在眼前，让赏花之人也感受到活力。

引人注目的鲜艳花坛中，淡蓝色的喜林草和粉色的利文斯通雏菊带来柔和的视觉效果。

多种植物的平衡

大家都希望庭院里第一眼就能看到的花坛能够常年鲜花盛开，因此移植必不可少。种花人需要开动脑筋，以开花期较长的植物为中心，根据季节变换搭配不同的花草。

▶ 一年生草本植物种在关键位置

多年生草本植物是花坛中必不可少的植物，因其存活期可达数年，而且有分量的花叶可以覆盖的面积很大。但是，多年生草本植物的花期大多较短，色彩变化也有限，仅仅靠它们来支撑花坛或许比较困难。于是就到了一年生草本植物大显身手的时候了。一年生草本植物的优点是同一种类中有多个品种，因此养花人可以根据自己的喜好来选择花色。将一年生草本植物种在关键位置，待花期结束后，将其他的一年生草本植物移植到此处，还能营造出季节感。在一年生草本植物中，从冬开到春的堇菜和紫罗兰、从初夏开到秋的蝴蝶草和万寿菊等，都是开花期很长的种类。选择这些一年生草本植物，一年中只需要移植两次，并不需要费太多的精力。

可种于花坛的多年生草本植物

多年生草本植物每年都会开花，为了四季都能赏花，还是需要了解植物的开花期。

初冬～早春（11 月～ 3 月上旬）

冬季大波斯菊、圣诞玫瑰、大吴风草、喜马拉雅虎耳草、侧金盏花、报春花类、露薇花等

冬季大波斯菊（菊科）半常绿性

●株高 / 50~80 厘米●花色 / 黄、白、复色●从晚秋开到初冬、单层瓣且黄色花瓣的前端为白色的品种最具代表性。

圣诞玫瑰（毛茛科）常绿性

●株高 /10~50 厘米●花色 / 白、粉、黄、绿、紫、茶、黑、复色●耐寒性强、喜半荫凉处的强健品种，有单层瓣、半重瓣和重瓣。

春（3 月～ 5 月）

筋骨草、耧斗菜、针叶天蓝绣球、宿根美女樱、芍药、瞿麦、蓝雏菊、羽扇豆等

荷包牡丹（罂粟科）落叶性

●株高 /30~60 厘米●花色 / 粉、白、红●独特的花朵横排相连生长。耐寒性强、适合初学者种植。

初夏（6 月～ 7 月）

松果菊、风铃草、铁线莲、洋地黄、琉璃菊、天蓝绣球、蓍草等

落新妇（虎耳草科）落叶性

●株高 /20~80 厘米●花色 / 粉、红、白、紫●耐寒性强半荫凉处也能生长。梅雨时节也能持续开花。

夏（7 月～ 8 月）

虾膜花、桔梗、金鸡菊、海石竹、假龙头花、风露草、剪秋罗、宿根山梗菜等

硬叶蓝刺头（菊科）半常绿性

●株高 /60~150 厘米●花色 / 蓝、紫、白●喜光。耐寒性强、开球状花、花期长。

秋（9 月～ 10 月）

菊、宿根紫菀、宿根鼠尾草、马蒿、日本滨菊、菊芋、轮叶景天、禾叶土麦冬、龙胆等

打破碗花（毛茛科）半常绿性

●株高 / 30~150 厘米●花色 / 粉、白●花色柔和符合秋日风情、耐寒性强、半阴处也可生长。

盛开的一年生草本植物的金鱼草、花菱草、德国洋甘菊，衬托着多年生草本植物洋地黄、异株蝇子草和钓钟柳。

蓝色系的多年生草本植物的蓝雏菊和松虫草，搭配上同色系的一年生草本植物弗吉尼亚紫罗兰和球根植物的花毛茛，演绎出时髦的美丽花坛。

点缀多年生草本植物花坛的一年生草本植物

给花期较短的多年生草本植物搭配上一年生草本植物吧。

初冬~早春

金盏菊、香荠、紫罗兰、雏菊、钻石花、羽衣甘蓝、三色堇、堇菜、柳穿鱼等

春

冰岛虞美人、金鱼草、黑种草、龙面花、花菱草、涩荠、列文斯通雏菊、勿忘我草等

夏

藿香蓟、锦紫苏、蛇目菊、细叶百日草、矮牵牛、马齿苋、万寿菊、伏胁花、帝王菊等

白晶菊（菊科）

●株高 /15~30 厘米●花色 / 白（中间为黄色）●花期较长、姿态小巧、可以和各种花草搭配。

喜林草（紫草科）

●株高 /10~20 厘米●花色 / 蓝、白、复色●分枝繁茂、分蘖可达 20 厘米。蓝色花朵是花坛的重点。

长春花（夹竹桃科）

●株高 /10~80 厘米●花色 / 白、赤、粉、紫、复色●喜高温日照、强健耐酷暑。花形小巧且开花期长。

柳穿鱼（车前草科）

●株高 /30~60 厘米●花色 / 赤、白、粉、黄、紫、复色●花朵向来绚丽。将秋季常有的塑料花盆苗种下后，从初冬到春天都可欣赏。

初夏

紫苑、凤仙花、蕾丝花、翠雀、旱金莲、金莲花、风铃草等

千日红（苋科）

●株高 /15~70 厘米●花色 / 紫、赤、粉、黄、白●喜光、耐酷暑、耐干燥、易培育。开圆球状花，且开花时间长。

秋

地肤、大波斯菊、一串红、野鸡冠花、雁来红等

鸡冠花（苋科）

●株高 /20~200 厘米●花色 / 橘、黄、粉、赤、淡绿●喜强日照喜高温。羽毛鸡冠花的花穗五颜六色且呈蜡烛状，非常受欢迎。

灵活运用各类花草的特质

想要打造出美丽的花坛，仅仅依靠花色的组合是不够的。把握植物的生长变化情况，灵活搭配不同的株高、整体的姿态、花朵的形状等，是园艺作业的一大要点。

▶ 考虑花形和草姿

花朵的魅力不仅在于色彩，每一朵花的形状和姿态也很重要。在花坛中组合多种植物时，比较理想的是让它们能够衬托出彼此的特点。为了保持整体和谐，除花色以外，也要充分考虑到花形和花朵的质感。

不同于花朵的华丽，叶片也有其自身的魅力。例如，细长的草类能给花坛增添柔和的动感，更加凸显花朵的颜色。还可以通过株高不同的植物之间的搭配，营造出花坛的立体感。比如在靠墙或者栅栏种植花草时，里面种高的花草，最前面种矮的花草，这种高低三段式的排列能够凸显出视觉上的分量感。

各种各样的花形与草姿

不同的植物拥有不同的色彩、形状和质感。即便是同一种花，在不同的季节或者不同的光照条件下，呈现出来的效果也不一样。在搭配时，要精心布置关键的花形和质感，打造精美的花坛。

花形

从中心起像画圆一样盛开的花朵，适合做花坛里的主角。

大波斯菊、大丁草、杂色菊、百日草、非洲雏菊、白晶菊、向日葵、列文斯通雏菊、金光菊等

茼蒿菊

穗状花

花朵长在花茎上形成穗状、有向上立起的同时也有向下垂坠的品种。

筋骨草、唐菖蒲、鼠尾草、紫罗兰、风信子、蝴蝶铃、假龙头花、钓钟柳、柳穿鱼、白羽扇豆等

穗花婆婆纳

屋形花

小小的花朵聚集盛开，形成房屋状。单枝茎也能形成花束。

庭荠、屈曲花、蕾丝花、香荠、天竺葵、麝香草、樱花草、柳穿鱼、五星花等

锥花福禄考

喇叭形花

形似喇叭、横向开放的品种给人以优雅之感。

牵牛花、朱顶兰、紫茉莉、台湾百合、麝香百合、夏水仙、小苍兰、萱草、孤挺花等

麝香百合

唇形花

花瓣深裂若唇形，上方裂片与下方裂片分开。

虾膜花、荷包花、金鱼草、鼠尾草、双距花、粉蝶花、乌头等

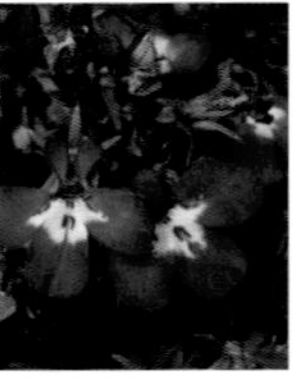

山梗菜

星形花

从上方看花朵呈星形。

小文心兰、正同瓣草、风铃草、紫娇花、常磐荠、百可花、花韭、紫山慈姑、星形桔梗、茑萝等

虎眼万年青

白色的长春花和粉色的四季海棠环绕着紫色的鼠尾草，营造出清爽怡人的夏日花坛。

后面是樱花草，正中间交错搭配红色石竹和白晶菊，最前面是堇菜和香荠，三段式的高低差让花坛更具立体感。

波形花

花瓣的边缘像荷叶边一样呈波浪状，大多是经品种改良得到的园艺品种

仙客来、土耳其桔梗、长春花、日本鸢尾、堇菜、报春花、虞美人、矮牵牛等

三色堇

钟形花

桔梗科中常见的下垂的吊钟形花朵

铁线莲、毛地黄、上臈杜鹃、雪片莲、德国铃兰、贝母、风铃草、紫斑风铃草等

西班牙蓝铃花

球形花

重瓣或球状花之外，还有小朵的花聚集盛开成球状的情况

绣球葱、海石竹、菊、吉莉花、黄金球、韭黄、万寿菊、毛茛等

大丽花

草姿

横向延伸的草姿

贴着地面生长的植物可作为地被植物发挥独特的作用，而且将其种在花坛里株高较高的植物根部还可以使布局更加稳定。此外，相较于向上生长的高型植物，混种些横向伸展的植物可以使花坛张弛有度。

覆盖在地表的花滑苋和花坛的边缘完美契合。斑纹土麦冬细长的叶片展现出动感。

花朵如云霞般成群盛开的软羽衣草环绕的饰边花坛。

筋骨草、香荠、灯盏花、针叶天蓝绣球、宿根马鞭草、卷耳、喜林草、花滑苋（马齿苋的园艺品种）、紫山慈姑、矮牵牛、龙须海棠、墨西哥万年草、沼沫花、金叶过路黄、半边莲等。

垂直向上生长的草姿

花朵开在笔直的花茎上，让花坛从视觉上显得更为立体。在让人感受到力量的同时也传递出优雅的气息，适合群植。但是如果花坛较小，可少用几棵作重点点缀。

散种的几株高型品种的洋地黄，狭小的空间也能给人留下强烈的印象。

以色彩丰富的罗素羽扇豆为主角的花坛。同时还种植有剑叶兰和钓钟柳，整体布局有立体感和张力。

绣球葱、虾膜花、狐尾百合、洋地黄、蜀葵、翠雀、剑叶兰、毛蕊花、凤尾百合、飞燕草、罗素羽扇豆、宿根六倍利等

富有季节感的活泼花坛

想要四季都有花可赏，并不需要太大的空间。一处小空间就能打造一方花坛。空间越狭小，越需要在花草的选择和搭配上多下功夫。

▶ 注意过道脚下

从大门延续到玄关处的过道，是访客调整心情的场所，同时也是庭院的门面。华丽固然重要，但若是因为植物过于繁芜而成为走路时的障碍，反而不美。选择草姿齐整、容易打理的植物，更容易保持整洁美丽的状态。将建筑物和庭院联系在一起，打造出美丽的效果。

▶ 让小小的角落与众不同

种上标志性的花草确实能让小小的角落也能引人注目，但是正因为狭窄，能够种植的植物数量有限，不妨根据不同的季节更换盆栽种类。

过道边的花坛

鲜花盛开的香荠，分量感十足。草姿小巧紧凑，毫无压迫感，还有温柔的甜香味萦绕在足边。

在铺路石的周围点缀鲜花

踏脚石和铺路石，在方便人们走路的同时，保持美观也很重要。堇菜、白晶菊、耳挖草和宿根马鞭草的搭配，尽显季节感。

将停车位打造成花坛

将没有车经过的位置打造成花坛，营造出季节感。中间种上雏菊和三色堇等矮小的花草，车辆入库时植物就不会被压倒。

用花盆营造立体感的迷你花坛

叠加花盆制造出分量感。盆栽大红合欢和盆栽银叶树营造出立体感和分量感的迷你花坛。

利用树下空间的迷你花坛

在落叶树的根部种上羽衣甘蓝和三色堇，从冬天开始就能欣赏到生机勃勃的植物了。

适合迷你花坛的花草

在小小的花坛里种株高超过1米的高型品种相当困难。这里介绍一些适合小花坛种植的植物。

初冬～早春

迷你羽衣甘蓝

报春花

堇菜和三色堇

紫罗兰（重瓣矮性品种）

奶咖色金盏花

春

摩洛哥雏菊

弗吉尼亚紫罗兰

紫花琉璃草

火红金鱼草

英国雏菊

初夏～夏

重瓣凤仙花

五星花

蓝猪耳

锦紫苏

灯盏花

秋

重瓣海棠

细叶百日草

蛇目菊

长药八宝

非洲雏菊

让花草在适宜的环境中生长

如果住在都市近郊区也想种植花草，背阴处和半背阴处都是适合进行园艺作业的宝贵场所。了解适合在背阴地带生存的植物，好好地下一番功夫吧。

▶ 了解自家庭院的环境

选择植物时，先弄清楚光照、通风和排水等庭院的环境条件非常重要。尤其是光照条件，无论哪个院子里都会有光照条件相对差的地方。在阳光无法照射到的地方，喜光植物是无法生存的。适于背阴处种植的植物有其恬静深邃的趣味，自有一番区别于向阳庭院的独特魅力。以背阴为出发点，可以打造风情淡雅的花园。

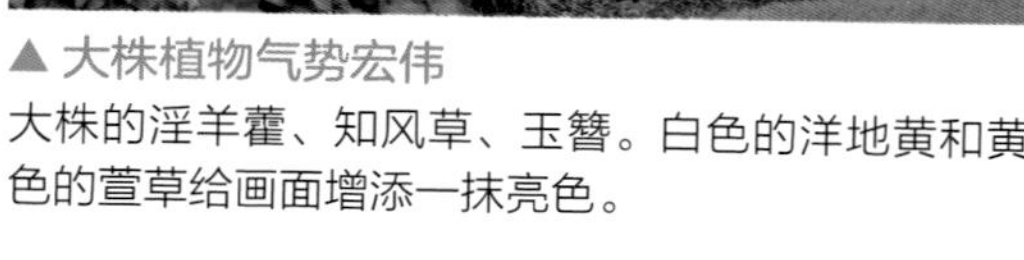

▲ 大株植物气势宏伟

大株的淫羊藿、知风草、玉簪。白色的洋地黄和黄色的萱草给画面增添一抹亮色。

▲ 色彩华丽的背阴处

风信子、玉簪花和盆栽锦紫苏是在背阴处也能生长的植物。可以将砖墙前面的背阴处装点得华丽非凡。

▼ 斑纹叶片让背阴处增添亮色

具有跃动感的土麦冬和山麦冬的斑纹叶片和小型玉簪，起到了藏石隐土的效果。

▲ 用彩叶植物给背阴处增色添彩

色彩各异的矾根、斑纹叶片的肺草、心叶牛舌草等植物映衬着半背阴的角落。

▼ 排列在阳台的盆栽

玉簪、矾根和大吴风草等盆栽排列在阳台上，让采光较差的建筑也有了一方趣味十足的植物天地。

装饰背阴处的花草

适合在常年被建筑、墙壁、篱笆等遮挡住阳光的阴暗处生长的花草。

装饰半背阴处的花草

所谓半背阴处，指的是阳光无法直射到、但是会通过反光或者叶间漏光接受光照的地方，或者一天中几个小时有阳光直射的场所。以下列举的是不适应直射阳光、更倾向于半背阴处的花草。

让背阴处亮丽生辉的彩叶植物

背阴处生长的植物大多拥有浓绿的叶片，将在光照强烈的场所易出现烧叶的植物运用到避光庭院中，明晰的叶片色彩能让背阴处也绽放处明亮的光彩。

不使用农药的病虫害预防

如果精心培育的花草染上病虫害、枝叶凋零枯萎，种花人难免心受打击。但在对抗病虫害时，最好还是避免使用药剂。营造病虫害不易发生的环境，每天细心检查争取早发现早解决。

▶ 养成每日巡视花坛的习惯

想让植物远离病虫害，早发现至关重要。所以要每日仔细巡视花园，检查植物的生长状况。第一步就从每日仔细检查开始。植物的生长是否顺利，开花是否正常，叶片有没有被蛀空，是否有虫或沾染粪便等……这些都是植物给我们发出的信号，一定要仔细检查到位。尽早发现，就能赶在病虫害扩散之前采取应对策略。

此外，在做到早发现的同时，也要注意让植物一直保持健康的状态。柔弱的植株在病虫害面前难免不堪一击。每天的打理作业都不能掉以轻心。

仔细检查花朵是否有损伤、叶片上是否沾有虫粪。

病虫害检查点

仔细检查植物的生长状态、尽早发现异常情况，是减少病虫害的关键所在。不仅是花朵，叶片的背面和植株根部都要仔细检查。

花朵是否被虫啃

被蛞蝓啃食的堇菜

植物上是否有泛银光的痕迹

银色的痕迹是蛞蝓爬过之后留下的

花朵是否褪色、是否有条状纹

报春花的灰色霉菌病

叶柄和花柄上是否长霉

圣诞玫瑰的灰色霉菌病

预防病虫害的措施

为避免植物遭受病虫害侵袭，需要养成每日打理、巡视花坛的习惯。

选择健康的植株

购买花苗时，仔细观察叶片的背面和植株根部、确认是否沾染害虫、虫卵、斑点或污痕，防止购买自身携带病虫害的花苗。

购买花苗时，也要检查叶片背面。

注意通风和采光

密植会导致花苗柔弱、易受病虫害侵袭。保留合适的株间距，以保证良好的通风与光照。

种植时，保留足够的株间距。

不要将盆栽放在地上

害虫有可能从盆底的孔侵入植物，所以要将花盆放在花架或者砖块上，而不是直接放置在地上。

利用花盆台座，防止害虫的侵袭。

让植物健康成长

充分的光照、适量的肥料和水分，能让植物拥有强健的体力。氮元素和水分过度会导致植物变得柔弱，易招致病虫害。

植物也要“吃八分饱”，才能茁壮生长。

肥料供应不足，导致黄叶增加。

及时清除花蒂和枯叶

开败的花、枯叶、杂草会成为病虫害的温床，所以要及时清理。摘除花蒂，能够在抑制病虫害发生的同时，防止其结种，所以有助于植物接下来开花。

养成摘除花蒂的习惯，预防疾病。

使用新的花土

病虫害隐藏在土壤之中。花坛种植时每年要进行“翻土”作业，另外，为防止特定的病虫害在土壤中积蓄，最终伤及植物，不要连续在同一地方种植花草。花盆种植时，要尽可能使用新的花土。使用旧土时，向消过毒的旧土中加入三五成左右的新的基本花土（赤玉土与腐叶土比例为3：2）后再利用。

花盆中的旧土，翻新后再使用。

花瓣和叶片上是否有斑纹或条纹

郁金香的花叶病
后面的红色花朵是正常开放的花

百合的花叶病

是否有虫

紧紧沾附在菊上的蚜虫

叶片上是否有白线

被潜蝇损伤的瓜叶菊

叶片是否泛白

百日草的白粉病

被叶蜱损伤的仙客来

使用农药的病虫害防治法

想要欣赏美丽的花园，对付病虫害是一件无法逃避的事。无论平时怎样小心注意，都难逃病虫害的魔咒。还是在一切为时已晚之前，有效地使用药剂吧。如果早发现并处理及时，即便药量少也能药到病除。

▶ 使用农药时的注意点

药剂的优点是能够简单准确地防治各种病虫害。日本的《农药取缔法》规定了能使用该药剂的植物种类以及相应的使用方法。请确认标签或包装袋上的“作物名”一栏里是否标记有需要使用该药剂的植物的名字。

市面上药剂种类繁多，一定要选择合适药剂。

▶ 药剂安全有保障

用于植物病虫害的防治的药剂都属于农药。店铺销售的药剂，都是由《农药取缔法》这项法律保证其效果和安全性的，所以只要按照标签或说明书的内容使用，就是安全的。

▶ 防治目的要明确

农药的功效各有不同。除害虫用“杀虫剂”、治疾病要用“杀菌剂”，当然也有能同时除虫和治病的“杀虫杀菌剂”。根据目的分开使用，重要的是选择最有效的药剂。

另外，药剂有不同的“剂型”，如直接使用的喷雾剂、加水稀释后使用的乳剂、液剂、水合剂，还有家庭菜园和厨房花园中常用的而天然成分的药剂。

直接使用的类型

初学者也能轻松使用。适用于植物较少时或相对狭小的范围里。

喷雾剂

配合喷雾器使用，十分便利。不必担心低温冷害，在受害虫损伤的植物部位的附近喷洒即可。

药丸剂（诱引剂）

将害虫吸引过来之后将其消灭，故对于处理在夜间活动的蛞蝓和断根虫十分有效。

按压喷雾器

其原理是利用空气的压力，将药剂以雾状喷射出去，故靠得太近会造成冷害。所以使用时要保持30厘米以上的距离。

颗粒剂

该药剂能渗透转移，故直接以颗粒状使用就能长时间发挥效用。使用窍门是在土壤潮湿时均匀散布。

加水稀释的类型

可用少量的药剂制作出大量的药液，故适用于需要大范围使用的情况，经济划算。制作时需要喷雾器、湿润剂和水。药液无法保存，请根据实际需要来决定制作量。

乳剂液剂

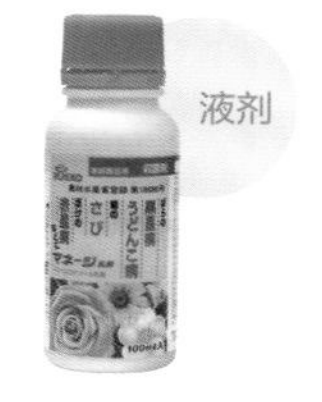

液体药剂，比水合剂更易稀释。乳剂溶于水后液体变得白浊，而液剂因没有加入乳化剂所以不会变浑浊。

水合剂

将粉末状、颗粒状的药剂溶解于水后使用。量少的分包装的产品适合家庭园艺使用。稀释时使用湿润剂效果更佳。

乳剂、液剂、水合剂的稀释方法

❶在加过湿润剂的一定量的水中，加入一定量的水合剂、乳剂和液剂。
❷搅拌均匀。
❸将稀释后的溶液装入喷雾器中使用。

制作药剂时，准备好喷雾器、量杯和湿润剂。

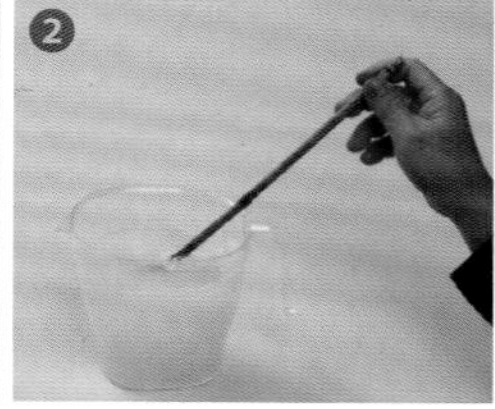

▶ 喷洒药剂的小窍门

仔细阅读标签，严格按照规定的浓度使用。超过规定的浓度，药剂会致使花草枯死。喷洒时选择无风的日子，做好防护措施，避免药剂直接接触皮肤。遵守将制作的药剂用完的原则，剩余的药剂可在庭园里挖坑倒入。喷洒过后，一定要记得换衣、洁面、洗手和漱口。

喷洒时的穿戴用品

帽子、园艺用口罩、护目镜、橡胶手套、雨衣和裤子。

给盆栽等喷洒少量药剂时，戴上口罩和手套进行作业。

叶子背面也要喷洒药剂。

主要药剂的种类和效用

选择药剂之前，要根据症状确认植物生病的具体原因。如果是害虫造成的，就使用杀虫剂；防治疾病则使用杀菌剂。但是，如果像花叶病那样是以蚜虫为媒介导致植物生病的情况，害虫的防治也是必不可少的。此外，在发病初期使用药剂最有效，也能将损害程度降到最低。

主要药剂的种类和效用		主要药品名
杀虫杀菌剂	成分中含有杀虫剂和杀菌剂，能够同时防治害虫和病菌，可在植物生病原因不明时使用。	三阳璐（SANNYOURU）、贝尼卡麦尔德喷雾（BENIKAMAIRUDO）、守护神杀虫杀菌剂、兼商摩乐斯坦水合剂（MORESUTAN）、莫斯皮兰M喷雾（MOSUPIRANN）等
杀虫剂	防治害虫的药剂。有些药剂对毛虫和青虫等有特定效果，有的药剂能够大范围地防治害虫，还有的药剂能在将害虫吸引过来之后将其消灭。	阿迪奥乳剂（ADIAO）、ST阿克特利克乳剂（AKUTERIKKU）、家庭园艺用奥尔多兰水合剂（ORUTOLAN）、蜱太郎、ST真塔尔利颗粒水合剂（ZENTARI）、纳美特尔鲁（NAMMETOURU）、贝尼卡J喷雾（BENIKA）等
杀菌剂	能抑制病原菌。保护杀菌剂能作为预防药使用，直接杀菌剂在发病初期使用可兼具预防和治疗的效果。	本来特水合剂（BENRETO）、百菌清1000（Daconil）、钾绿（Kalium Green）、奥赛特水合剂（OSAITO）、利多米鲁颗粒剂2（RIDOMIRU）、戈塔水合剂（GETTER）等

需提前了解的词语

园艺用语介绍

为了让园艺工作顺利进行，了解这些基本园艺用语的含义非常重要。如果遇到不熟悉的词语，请一定要仔细确认。

F1　将不同性质的植物进行杂交培育得到的新品种，也称一代杂交。

A

矮性品种　矮性指的是植株的株高较低的特性，拥有这种特性的植物被称为矮性品种。

B

斑纹叶片　叶片上长有不同于本色的斑纹。

半背阴　光照时间只有半天左右，或者仅有叶间漏光给予光照的状态。

保肥性　土壤保持肥料成分的能力。

保水性　将植物生长必需的水分保持在土壤中的能力。

钵底石　为改善排水，在加入花土之前，放在盆底的轻石。

钵底网　铺在花盆底部，可防止土壤流失和害虫的侵入。

C

侧枝　从干或茎上直接长出的枝（一级侧枝）和从一级侧枝上长出的枝杈（二级侧枝）。

插根　扦插的一种，将根截下使其繁殖的方法。

插叶　扦插的一种，用叶片进行繁殖的方法。

插枝　将剪下的枝茎根等插在土中、使其重新发芽长根的繁殖方法。

成活　移植或扦插后，植物长出根继续生长。

成熟堆肥　稻草和落叶等有机物发酵之后完全分解形成的堆肥。施用未成熟的堆肥，可能对植物造成伤害。

迟效肥料　使用之后，需要很长时间植物才能吸收，肥效持久。

D

氮　与钾和磷并称为肥料三要素。能改善叶片颜色、促进植物生长发育，又称“叶肥”。

底面给水　从盆底处给予植物以水分。

地膜覆盖法　将稻草或塑料薄膜覆盖在土壤表面。

地下茎　在地下延伸的茎。

点播　相隔一定距离播下数颗种子的方法。

顶芽	长在茎、枝、干的最前端的芽。
定植	将花苗或苗木最终定植到某一场所或容器。
短截	将生长过度的枝、茎截短的作业。
堆肥	落叶、枯叶、稻草等堆积发酵而成，主要用作土壤改良剂。
多年生草本植物	开花结实之后不枯萎，生长发育可持续数年的草本植物。
多肉植物	茎叶肥厚，能积蓄水分和养分的植物。

E

萼片（花萼）	一朵花的最外面、包裹花冠的部分。

F

翻土	将花坛和田间的土壤上层掘起，和下层土互换位置。
肥料三要素	植物生长发育必需的养分中需要量最大的氮磷钾三种元素。
肥烧	施肥量过度，或者肥料浓度过高时，植株和根部变衰弱的现象。
分球	球根植物长出子球，子球分离，植物数量增加。
分株	将大棵植株进行分离。其目的为繁殖或使植株重新恢复生机。
辐射	从短茎长出的叶片互相叠合，呈放射状扩展的状态。
腐叶土	阔叶树的落叶完全腐烂成熟而成。和土壤混合使用的话、排水性、通气性、保水性好。
腐殖质	堆积的落叶和堆肥等有机物在土壤中腐烂成熟。
覆土	播种后，覆盖在种子上方的土壤。

G

根茎	在地下像根一样横向延伸的茎。指地下茎肥大成为贮藏器官的球根。
更新剪定	将衰弱的旧枝剪下，使枝杈重焕生机。
过冬	植物在冬天也不枯萎而是继续生长。

H

害虫	对植物有害的昆虫。
寒肥	给冬季处于休眠期的庭院树施用的肥料，能促进其在春天生长。
花柄	从花轴上分开、支撑各自花朵的末端枝节。
花蒂	开败但未落的残花。

花冠	指一朵花的所有花瓣。
花茎	长有花朵的茎部。
花木	以欣赏花朵为主要目的而种植的树木总称。
花盆	用于培育植物的容器的总称。
花坛	将庭院的一部分圈出、加入土壤以种植花草的地方。
花土	用于栽培植物的土壤。
花序	花朵的排列情况。
花芽	继续生长会成为花的芽。
化学肥料	经过化学处理制成的人造肥料。
缓效肥料	肥料成分一点一点溶出，效果持续时间长的肥料。
混栽	将几种植物混种在同一场所或容器。

J

基肥	种植前施用的肥料。
钾	与氮和磷并称为肥料三要素，能促进植物根部发育。
假植	将小花苗种到花盆或花坛之前先移植，可使根部更强健，有利于植株茁壮生长。
嫁接	将植物的一部分截下后，嫁接在有根的另一个植物上，使二者成为独立的个体的繁殖方法。
嫁接苗	通过嫁接得到的花苗。多以耐病虫害和耐低温能力强的植物作为台木。
间苗	将拥挤的植株、茎，或枝杈剪下。
剪定	为调整树形、改善光照和通风条件，剪掉多余的枝杈。
浇水	给予植物水分。
节间	叶片长在茎上的部分被称为“节”，“节间”指的是相邻的节之间的部分。
结实	植物受粉、长出种子。

K

开花	植物的花朵开放。
客土	为改良本处土壤而从别处移来的优质土。
枯死	植物枯萎死去。
块根	根部肥大成为养分贮藏器官的球根。
块茎	茎部肥大成为养分贮藏器官的球根。

L

烂根	植物的根部腐烂。
冷布	用棉或化学纤维等制成的带网眼的覆盖物，可用于阻隔阳光直射、防寒、防风、防止水分蒸发。
礼肥	开花后或收获果实之后，施用的肥料，有还礼的意味。
连作	在同一场所持续种植同类植物。
连作妨害	连作会造成土壤中特定的养分不足，增加病虫害的发生概率，妨碍植物的生长发育。
磷	与钾和氮并称为肥料三要素，能促进植物开花结实。
鳞茎	地下茎的一种。在短茎的周围叶片积蓄养分变得肥大，成为球形或卵形。
鳞片插	插扦法的一种。将鳞茎的鳞片剥下插在土壤或砂子中。

M

满根	花盆中的植物根部生长过于繁茂，对发育造成负面影响的状态。
蔓性	藤蔓延伸、攀附在其他植物和支柱上进行生长的植物。
镁石灰	含有镁和石灰的肥料。还可以用于调整土壤酸度。
苗床	培育花苗的场所。

N

耐病性	不易生病的性质。
耐寒性	耐低温的性质。
耐暑性	耐高温的性质。

P

排水	给土壤浇水时，水流通过的情况。
排水性	排除土壤中多余的水分的程度。
培土	往植物根部拢土的作业。可防止植株倒伏。
盆苗	在塑料花盆中培育的花苗。
盆植	将种子播种在塑料花盆中。
品种改良	通过人工交配或者突然变异等方法改良植物，培育出更优质的新品种。
匍匐茎	像草莓这样的植物会从母株上横向延伸出藤蔓形成子株。该藤蔓即为匍匐茎。
匍匐性	植物的枝和茎匍匐于地面延伸的性质。

Q

浅植	将花苗或球根浅种于土壤中。
球根植物	在地下长有储存养分的球根的植物的总称。
球茎	地下茎肥大呈球状的球根植物，如小苍兰或唐菖蒲。
牵引	将植物的茎或藤蔓绑在支架上，引导其延伸方向。

S

散播	播种的方法之一，指避免种子叠合的散播方法。
烧叶	强烈的阳光直射，是的部分叶片变色、枯死。
疏蕾	摘除花蕾。目的在于促进柔弱植株的生长，增大花朵和果实。
水插	扦插的一种，将剪下的枝杈置于水中使其生根的方法。
水合剂	能让农药中的有效成分变成粉状，溶解于水后使用。
四季开花	不受白天长短和温度等影响、一年四季开花的特性。
速效肥料	施用后植物迅速吸收立即显效的肥料。大多数液体肥料属于此类。
酸度调整	用石灰等调整土壤酸度。

T

台木	嫁接时，作为基座的植物。
徒长	光照不足或氮元素过量等原因，导致植物的茎和枝异常生长。
条播	将种子按条状播下。
庭院树	种植在庭院的树木。
通气性	能让空气通过的性质。
土裹根	将植物从花盆中拔出或从地里挖出时，根与土连为一体的部分。
土壤改良材料	改良土壤时，混入土壤中的堆肥和腐叶土等。
土壤酸度	土壤的酸性程度，用pH值表示（pH7为中性，7以下为酸性，7以上为碱性）。

W

无机质肥料	化学合成的无机质成分的肥料。

X

稀释倍率	将液体肥料和农药的原液加水稀释时的倍率。
喜光性种子	没有光照则难以发芽的种子。

细尘	极细小的尘土。能通过网眼在1毫米以下的筛子。
小鳞茎	植物叶腋或花序处由服芽或花芽形成的小鳞茎。
休眠	植物在低温、高温或干燥等不利于生长的环境中会暂时停止生长，度过眼下难关。
宿根草	开花结实后也不枯萎，每年都会重复开花结实的多年生草本植物。

Y

压条	增加植株数量的方法。将植物枝条的一部分埋入土中，生根以后和母株分开。
厌光性种子	在明亮处难以发芽的种子。
叶柄	连接叶身（平坦的叶片部分）和枝或茎的柄状部分。
叶面喷洒	将溶解于水中的肥料或者农药，用喷雾洒在叶片上。
叶芽	继续生长会成为枝（茎）的芽。
叶腋	叶子和茎相接的根部。
液肥	液体状的肥料。有速效性，适合用作追肥。
腋芽	叶柄根部长出的芽。
一年生草本植物	在一年以内完成从播种到发芽、开花、结实、枯萎全过程的植物。
移植	将苗床或塑料花盆中的花苗移植到其他的容器或花坛中。
营养土	培育植物时使用的土壤。
有机质肥料	油渣、鸡粪、骨粉等含有有机质的肥料。
育苗	培育花苗使其成长到一定程度。
园艺品种	用于园艺的改良品种的花和蔬菜等。
原产地	在自然状态下，植物最初生长的地方。

Z

摘心	将枝或茎的前端部分（芯）摘除，目的在于使植物分支或停止生长。
摘芽	将腋芽等不需要的芽摘除。
真叶	发芽后，在子叶（双叶）之后长出的叶片。
整枝	将多余的枝杈剪断以调整树形或草姿、能促进植物生长发育的作业。
直播	将种子直接播在花坛或田间的方法。
置肥	在植物根部放置固体肥料的施肥方法，肥料随着每次浇水溶解，肥效持久。
中耕	以改善通气性和排水性为目的进行的浅耕，多和除草同时进行。
种植损伤	移植或定植时损伤根部，导致植物暂时停止生长、叶片掉落。

株间距	植株与植株之间的间隔。
贮水空间	花盆或栽培箱等的边缘到土壤表面的空间。
珠芽	球根植物的茎节处长出的小球根。
追肥	根据植物的生长状况追加施用的肥料。
子叶	种子发芽后最先长出的叶片（双叶）。

索引

J

K

L

M

N

P

Q

R

S

T

W

X

图书在版编目（CIP）数据

第一次打造花园就成功. 花园盆栽的100个技巧 /（日）古贺有子监修；徐盼盼译. —北京：中国轻工业出版社，2021.6

ISBN 978-7-5184-2446-7

Ⅰ. ①第… Ⅱ. ①古… ②徐… Ⅲ. ①花园－园林设计 Ⅳ. ①TU986.2

中国版本图书馆CIP数据核字（2019）第070641号

责任编辑：杨　迪　　责任终审：劳国强　　整体设计：锋尚设计

策划编辑：龙志丹　　责任校对：李　靖　　责任监印：张京华

出版发行：中国轻工业出版社（北京东长安街6号，邮编：100740）

印　　刷：北京博海升彩色印刷有限公司

经　　销：各地新华书店

版　　次：2021年6月第1版第3次印刷

开　　本：710×1000　1/16　印张：9

字　　数：200千字

书　　号：ISBN 978-7-5184-2446-7　定价：58.00元

邮购电话：010-65241695

发行电话：010-85119835　传真：85113293

网　　址：http://www.chlip.com.cn

Email：club@chlip.com.cn

如发现图书残缺请与我社邮购联系调换

210556S5C103ZYW